Finanzmathematik

Intensivkurs

Von
Prof. Dr. Holger Ihrig
und
Prof. Dr. Peter Pflaumer

4., unwesentlich veränderte Auflage

R. Oldenbourg Verlag München Wien

Die Deutsche Bibliothek - CIP-Einheitsaufnahme

Ihrig, Holger:
Finanzmathematik : Intensivkurs / von Holger Ihrig und Peter Pflaumer. - 4., unwesentlich veränd. Aufl. - München ; Wien : Oldenbourg, 1995
  ISBN 3-486-23240-1
NE: Pflaumer, Peter:

© 1995 R. Oldenbourg Verlag GmbH, München

Das Werk einschließlich aller Abbildungen ist urheberrechtlich geschützt. Jede Verwertung außerhalb der Grenzen des Urheberrechtsgesetzes ist ohne Zustimmung des Verlages unzulässig und strafbar. Das gilt insbesondere für Vervielfältigungen, Übersetzungen, Mikroverfilmungen und die Einspeicherung und Bearbeitung in elektronischen Systemen.

Gesamtherstellung: Grafik + Druck, München

ISBN 3-486-23240-1

VORWORT ZUR 4. AUFLAGE

Durch den erfreulich raschen Absatz der dritten Auflage konnten wir uns darauf beschränken, den gesamten Text kritisch durchzusehen.

VORWORT ZUR 1. BIS 3. AUFLAGE

Das vorliegende Buch ist aus Grundvorlesungen der Wirtschaftsmathematik entstanden, die wir in den letzten Jahren für Studierende der Wirtschafts- und Sozialwissenschaften gehalten haben.

Es ist unser Konzept, mittels Testaufgaben mit Lösungsangaben eine schnelle Ist-Analyse des vorhandenen Wissens zu ermöglichen (um Kapitel überschlagen zu können), durch einen nicht zu umfassend gehaltenen, an Übungsbeispielen orientierten Lehrtext das nötige Wissen rasch zu vermitteln und in einem Übungsteil mit erweitert dargestellten Lösungen, das Gelernte zu verfestigen. Das Ziel ist im besonderen die schnelle Vermittlung von Basiswissen.

Hierzu ist jedem Kapitel ein Testteil mit insgesamt 64 Aufgaben, den zugehörigen Lösungsangaben und Hinweisen auf den zuzuordnenden Abschnitt im Lehrtext vorangestellt. Im Lehrtext verdeutlichen tabellarische Übersichten auf einfache Weise die Entwicklung der finanzmathematischen Formeln. Besonders haben wir darauf geachtet, daß der Leser die mathematischen Herleitungen anhand von parallel durchgerechneten (124) Beispielen leicht einsehbar nachvollziehen kann. Ein Übungsteil schließt die jeweiligen Kapitel ab. Für die 146 Übungsaufgaben sind in einem Anhang die Lösungshilfen hinreichend ausführlich angegeben.

Wichtig scheint uns, daß dieses Buch als Hilfe zum Gebrauch neben Vorlesungen als Prüfungsvorbereitungs- und im späteren Berufsleben als Nachschlage- und Auffrischungsmedium verstanden wird. Keinesfalls soll es ein umfassendes Lehrbuch ersetzen.

Wir haben versucht, möglichst wenige mathematische Vorkenntnisse vorauszusetzen. Leser, die ihr mathematisches Grundwissen auffrischen wollen bzw. müssen, wird vor der Lektüre des finanzmathematischen Teiles empfohlen, den Anhang A durchzuarbeiten.

Wir danken Frau B. Koths, die mit großer Sorgfalt das schwierige Manuskript geschrieben hat. Weiterhin gilt unser Dank Frau K. Siegl für die Hilfe bei der Durchsicht des Textes.

Die vorliegende 3. Auflage wurde erfreulicherweise schon jetzt notwendig. Sie unterscheidet sich von den ersten beiden Auflagen durch zusätzliche Abschnitte und weitere Übungsaufgaben. Außerdem wurden Verbesserungen und Berichtigungen vorgenommen.

Holger Ihrig und Peter Pflaumer

INHALTSVERZEICHNIS

A. EINFACHE ZINSRECHNUNG — 1

I. Testaufgaben — 1

II. Lehrtext — 1
1. Begriffe — 1
2. Zinsformel für einfache Verzinsung — 3
3. Berechnung von Kapital, Zinsfuß und Laufzeit — 4
4. Berechnung von Tageszinsen — 5
5. Zinssatz bei Gewährung von Skonto — 6
6. Barwert bei einfacher Verzinsung — 6

III. Übungsaufgaben — 9

B. RECHNEN MIT ZINSESZINSEN — 10

I. Testaufgaben — 10

II. Lehrtext — 11
1. Jährliche Verzinsung — 11
2. Unterjährliche Verzinsung und stetige Verzinsung — 14
3. Effektivzins und konformer Zins — 16
4. Barwert bei der Zinseszinsrechnung — 19
5. Anwendungen — 21
   - 5.1 Wachstumsraten — 21
   - 5.2 Verdopplungs-, Verdreifachungs- und Halbierungszeiten — 24
   - 5.3 Realzins (inflationsbereinigter Zinsfuß) — 26
   - 5.4 Unterschiedliche Zinssätze pro Periode — 27
   - 5.5 Gemischte Verzinsung — 28

III. Übungsaufgaben — 29

C. RENTENRECHNUNG 33

I. Testaufgaben 33

II. Lehrtext 35

1. **Grundbegriffe** 35
2. **Jährliche Renten- (Raten-) Zahlungen** 37
   - 2.1 Nachschüssige Zahlungen 37
   - 2.2 Vorschüssige Zahlungen 42
   - 2.3 Kombinierte Renten- und Zinszahlungen 47
     - 2.3.1 Rentenzahlung und Einzelleistung 47
     - 2.3.2 Aufgeschobene, unterbrochene und abgebrochene Renten 47
3. **Unterjährliche Renten- (Raten-) Zahlungen** 49
   - 3.1 Nachschüssige Zahlung mit jährlicher Verzinsung 50
   - 3.2 Vorschüssige Zahlung mit jährlicher Verzinsung 51
   - 3.3 Unterjährliche Zins- und Rentenzahlung 52
   - 3.4 Einige Fragestellungen bei unterjährlicher Rentenzahlung 54
4. **Ewige Rente** 57
5. **Dynamische Rente** 59
   - 5.1 Nachschüssige jährliche Zahlungen 59
   - 5.2 Vorschüssige jährliche Zahlungen 61
   - 5.3 Renten mit gleicher Dynamisierungsrate und gleichem Zinsfuß 62
6. **Rentenrechnung bei gemischter Verzinsung und Berechnung der Effektivverzinsung** 63
7. **Mittlerer Zahlungstermin und Duration** 69
8. **Zusammenfassung der wichtigsten Formeln der Rentenrechnung** 72

III. Übungsaufgaben 76

D. TILGUNGSRECHNUNG 84

I. Testaufgaben 84

II. Lehrtext 86

1. Grundbegriffe	86
2. Ratentilgung	87
2.1 Jährliche Ratentilgung	87
2.2 Unterjährliche Ratentilgung	90
3. Annuitätentilgung	94
3.1 Jährliche Annuitätentilgung	94
3.2 Unterjährliche Annuitätentilgung	98
3.2.1 Jährliche Verzinsung	99
3.2.2 Unterjährliche Verzinsung	101
III. Übungsaufgaben	106

E. KURSRECHNUNG 110

I. Testaufgaben 110

II. Lehrtext 111

1. Definition des Kurses	111
2. Kurs einer am Ende der Laufzeit zurückzahlbaren Schuld	113
2.1 Kurs einer Zinsschuld	113
2.2 Kurse von unverzinslichen Schatzanweisungen und Nullkupon-Anleihen	118
2.3 Der Einfluß des Marktzinses auf den Kurs	119
2.4 Duration und Kurssensitivität	120
3. Kurs einer ewigen Anleihe	123
4. Kurs einer Annuitätenschuld	124
4.1 Jährliche Annuitätenzahlung	124
4.2 Unterjährliche Annuitätenzahlung	125
4.2.1 Jährliche Verzinsung	125
4.2.2 Unterjährliche Verzinsung	126
5. Kurs einer Ratenschuld	126
5.1 Jährliche Ratentilgung	126
5.2 Unterjährliche Ratentilgung	127
6. Rentabilitätsrechnung	128

III. Übungsaufgaben 132

F. ABSCHREIBUNG — 135

I. Testaufgaben — 135

II. Lehrtext — 136

1. Vorbemerkung — 136
2. Lineare Abschreibung — 138
3. Degressive Abschreibung — 138
4. Degressive Abschreibung mit Übergang zur linearen Abschreibung — 141
5. Digitale Abschreibung — 142

III. Übungsaufgaben — 144

ANHANG A: EINIGE MATHEMATISCHE GRUNDLAGEN DER REELLEN ZAHLEN — 145

1. Potenzrechnung — 145
2. Wurzelrechnung — 146
3. Logarithmenrechnung — 147
4. Summen und Zahlenreihen — 148
5. Zahlenreihen in der Finanzmathematik — 150
6. Übungsaufgaben zu den Grundlagen — 152

ANHANG B: LÖSUNGSHINWEISE — 158

A. Einfache Zinsrechnung — 158
B. Rechnen mit Zinseszinsen — 159
C. Rentenrechnung — 165
D. Tilgungsrechnung — 178
E. Kursrechnung — 184
F. Abschreibung — 188

LITERATURHINWEISE — 191

SACHVERZEICHNIS — 193

A. EINFACHE ZINSRECHNUNG

I. Testaufgaben

1. Ein Geldbetrag über 800 DM wird vom 31.05. bis 06.07. zu 5% angelegt. Wie hoch sind die Zinsen?

   Lösung: 4 DM → A 4

2. Wie lange dauert es, bis 500 DM auf 600 DM angewachsen sind, falls eine einfache Verzinsung von 5% angenommen wird?

   Lösung: 4 Jahre → A 3

3. Ein Geldbetrag über 1000 DM wird für ein Vierteljahr zu 3% angelegt. Berechnen Sie die Zinsen.

   Lösung: 7,50 DM → A 1

4. Ein Wechsel über 1020 DM, der in 72 Tagen fällig ist, wird zum Diskont eingereicht. Der Diskontsatz beträgt inkl. Provision 10%. Welchen Betrag zahlt die Bank?

   Lösung: 1000 DM (999,60 DM) → A 6

5. Einem Erben soll ein Betrag über 53.000 DM bereits 9 Monate vorher ausbezahlt werden. Der Diskontsatz beträgt 8%. Berechnen Sie den Barwert der Zahlung.

   Lösung: 50.000 DM → A 6

6. Welcher Jahresverzinsung entspricht die Skontogewährung in der folgenden Zahlungsbedingung? "Zahlbar 10 Tage nach Rechnungsstellung mit 2% Skontoabzug oder einen Monat nach Rechnungsstellung ohne Abzug".

   Lösung: 36,73% → A 5

II. Lehrtext

1. Begriffe

Unter Zins versteht man den Preis, den ein Schuldner für die leihweise Überlassung von Geld bezahlen muß (Sollzins) bzw. ein Gläubiger für die Überlassung von Sparkapital erhält (Habenzins). Bei der Berechnung der Zinsen muß unterschieden werden, ob die bereits angefallenen Zinsen mitverzinst werden (Zinseszinsrechnung) oder nicht (einfache Zinsrechnung). Bei der einfachen Zinsrechnung werden die Zinsen jeweils vom Anfangskapital zu

Beginn einer Finanzaktion berechnet. Die am Ende einer Zinsperiode (= Vorperiode) gutgeschriebenen Zinsen werden in der folgenden Periode nicht mitverzinst. Der Zinsbetrag jeder Periode ist daher gleich groß.

Das Kapital bzw. der Geldbetrag am Anfang der ersten Periode wird mit K_0, das Kapital am Ende der letzten Periode wird mit K_n bezeichnet. Der Zinsfuß pro Periode heißt p. Er wird zumeist für das Jahr angegeben. Dies kann durch den Zusatz p.a. (per annum) verdeutlicht werden. Wichtige Begriffe und die in der Finanzmathematik üblichen Bezeichnungen sind in der folgenden Übersicht zusammengestellt.

Einfache Zinsen sind beim Geldverkehr zwischen Privatleuten nach § 248 BGB und zwischen Kaufleuten nach § 353 HGB gestattet. Zinseszinsen dürfen nur von Versicherungsanstalten, Banken und Sparkassen berechnet werden. Der Zinsfuß beträgt beim Fehlen anderer Vereinbarungen 4% im bürgerlichen Recht, 5% im Handelsrecht und 6% im Wechsel- und Scheckrecht.

<u>Übersicht</u>: Wichtige Begriffe der Zinsrechnung

K_0 : Anfangskapital zu Beginn einer Finanzaktion.

p : Zinsfuß in Prozent bzw. vom Hundert; wird vereinbart für einen bestimmten Zeitraum (dieser Zeitraum ist üblicherweise ein Jahr, wenn nicht ausdrücklich anders angegeben! → *Jahreszinsen*).

n : Anzahl der gleich langen Zeiträume, in denen der Zinsfuß p gewährt wird (üblicherweise → *Jahre*, wenn nicht anders angegeben).

m : Anzahl der Zinsperioden im Zeitraum der Gültigkeit von p; jeweils zum Ende einer solchen Zinsperiode wird das Kapital verzinst.
<u>Beispiel</u>: Zeitraum sei ein Jahr (Jahreszinsen p)
halbjährliche Verzinsung : m = 2
vierteljährliche Verzinsung : m = 4
monatliche Verzinsung : m = 12
tägliche Verzinsung : m = 360
(finanztechnisch gilt: 1 Jahr = 360 Tage)

p* : Zinsfuß pro Zinsperiode → p* = p/m.
<u>Beispiel</u>: Jahreszinsen p = 6 (6% Zinsen/Jahr)
→ Monatszinsen p* = 6/12 = 1/2 = 0,5
(0,5% Zinsen/Monat)

Z_n : aufgelaufene Zinserträge eines Anfangskapitals K_0 nach n Zinszeiträumen bzw. nach n·m Verzinsungen; die Zinsen werden jeweils am Ende einer Zinsperiode berechnet.

K_n : Endkapital nach n Zinszeiträumen; dies setzt sich zusammen aus dem Anfangskapital und den aufgelaufenen Zinserträgen:
$$K_n = K_0 + Z_n$$

<u>Merke</u>: Wenn nicht ausdrücklich darauf hingewiesen wird, so gelten Jahreszinsen und die Größe n zählt Jahre.

A. Einfache Zinsrechnung 3

2. Zinsformel für einfache Verzinsung

In diesem Abschnitt wird die Zinsformel für die einfache Verzinsung anhand eines Beispiels abgeleitet.

<u>Beispiel:</u>   Anfangskapital K_0 = 1.000,-- DM; Jahreszinsen von 5% (p=5).

<u>Fall a:</u> m = 1 → eine Zinsperiode, d.h. eine Verzinsung im Zinszeitraum von einem Jahr.

Jahr n	Zu verzinsendes Kapital	Zinsertrag	Endkapital
0			
	K_0 = 1.000,- DM	$Z_1 = K_0 \cdot \frac{p}{100} =$ $= 1.000,\text{- DM} \cdot \frac{5}{100} = 50,\text{- DM}$	$K_1 =$ $= 1.050,\text{- DM}$
1			
	K_0 = 1.000,- DM	$Z_2 = Z_1 + K_0 \cdot \frac{p}{100} =$ $= 2 \cdot K_0 \cdot \frac{p}{100} = 100,\text{- DM}$	$K_2 =$ $= 1.100,\text{- DM}$
2			
		$Z_k = k \cdot K_0 \cdot \frac{p}{100} =$ $= k \cdot 50,\text{- DM}$	$K_k = K_0 + Z_k$
k			
	K_0 = 1.000,- DM	$Z_n = n \cdot K_0 \cdot \frac{p}{100} =$ $= n \cdot 50,\text{- DM}$	$K_n = K_0 + Z_n$
n			

Endkapital nach n Jahren:

$$K_n = K_0 + Z_n = K_0 + n \cdot K_0 \cdot \frac{p}{100} =$$

$$\boxed{K_n = K_0 \cdot \left(1 + n \cdot \frac{p}{100}\right)} = 1.000,\text{- DM} \cdot (1 + n \cdot 0{,}05) \,.$$

<u>Fall b:</u> m > 1 → m Zinsperioden im Zinszeitraum von einem Jahr; es wird jeweils nach einer Zinsperiode von $^1/_m$-tel Jahr mit einem Zins pro Zinsperiode von p*=p/m verzinst; es wird somit pro Jahr m mal verzinst; nach n Jahren ergeben sich insgesamt n·m Verzinsungen.
Bezeichnung: *unterjährliche Verzinsung*
z.B.: monatliche Verzinsung → m = 12 und p* = 5/12 .

A. Einfache Zinsrechnung

Endkapital nach n Jahren:

$$K_n = K_0 + Z_n = K_0 + n \cdot m \cdot K_0 \cdot \frac{p^*}{100}$$

$$= K_0 \left(1 + n \cdot m \cdot \frac{p}{m \cdot 100}\right) = 1.000,\text{- DM} \cdot \left(1 + n \cdot 12 \cdot \frac{5}{12 \cdot 100}\right)$$

$$\boxed{K_n = K_0 \cdot \left(1 + n \cdot \frac{p}{100}\right)} \quad \text{(m fällt heraus!)}.$$

Merke: Bei der einfachen Verzinsung spielt es keine Rolle, wie oft in einem Zinszeitraum verzinst wird, da die jeweils erzielten Zinserträge nicht mitverzinst werden (siehe jedoch Kapitel B: Zinseszinsrechnung).

Fall c: Das Kapital K_0 steht entweder kürzer als ein Jahr oder keine ganzen Jahre n zur Verzinsung an, wie folgende Beispiele zeigen:

α) 3 Monate;   β) 1 Vierteljahr;
γ) 1 3/4 Jahr;   δ) 390 Tage.

Die Zinsen berechnen sich nun zu:

α) $Z_{3/12} = K_0 \cdot 3 \cdot \frac{p/12}{100} = K_0 \cdot \frac{3}{12} \cdot \frac{p}{100}$;

β) $Z_{1/4} = K_0 \cdot \frac{p/4}{100} = K_0 \cdot \frac{1}{4} \cdot \frac{p}{100}$;

γ) $Z_{1,75} = K_0 \cdot 7 \cdot \frac{p/4}{100} = K_0 \cdot \frac{7}{4} \cdot \frac{p}{100} = K_0 \cdot 1,75 \cdot \frac{p}{100}$;

δ) $Z_{390/360} = K_0 \cdot 390 \cdot \frac{p/360}{100} = K_0 \cdot \frac{390}{360} \cdot \frac{p}{100}$.

Merke: Bei der einfachen Zinsrechnung ist es unerheblich, ob die Anzahl der Jahre ganzzahlig ist.

3. Berechnung von Kapital, Zinsfuß und Laufzeit

Durch Umformung der Zinsformel können Anfangskapital, Laufzeit und Zinsfuß berechnet werden.

- **Berechnung des Kapitals**

Welches Kapital bringt bei 5% Verzinsung in 7 Monaten 200 DM Zinsen?

$$Z_n = n \cdot K_0 \cdot \frac{p}{100}$$

bzw.
$$K_0 = \frac{100 \cdot Z_n}{n \cdot p} = \frac{100 \cdot 200 \text{ DM}}{7/12 \cdot 5} = 6.857{,}14 \text{ DM}.$$

- Berechnung des Zinsfußes

Ein Festgeldkonto über 10.000 DM erbrachte nach 3 Monaten 100 DM Zinsen. Wie hoch ist der Jahreszinsfuß?
$$Z_n = n \cdot K_0 \cdot \frac{p}{100}$$
bzw.
$$p = \frac{100 \cdot Z_n}{n \cdot K_0} = \frac{100 \cdot 100 \text{ DM}}{3/12 \cdot 10.000 \text{ DM}} = 4.$$

- Berechnung der Laufzeit

In wieviel Tagen bringen 5.000 DM zu 5% angelegt 50 DM Zinsen?
$$Z_n = n \cdot K_0 \cdot \frac{p}{100}$$
bzw.
$$n = \frac{100 \cdot Z_n}{p \cdot K_0} = \frac{100 \cdot 50 \text{ DM}}{5 \cdot 5.000 \text{ DM}} = 0{,}2 \text{ Jahre} \stackrel{\wedge}{=} 72 \text{ Tage}.$$

4. Berechnung von Tageszinsen

Steht ein Geldbetrag t Tage zu p% p.a. zur Verfügung, so wird die Größe $(K_0 \cdot t)/100$ als *Zinszahl* bezeichnet, während $\frac{360}{p}$ *Zinsdivisor* genannt wird. Die Zinsen erhält man aus
$$Z_t = \frac{K_0 \cdot t}{100} : \frac{360}{p} = \frac{\text{Zinszahl}}{\text{Zinsdivisor}}.$$

Bei der Berechnung von Tageszinsen wird im Text wie folgt verfahren:
a) Das Jahr hat 360 Tage; ein Monat hat 30 Tage.
b) Bei der Berechnung der Zinstage wird der 1. Tag mitgerechnet, während der letzte Tag nicht berücksichtigt wird.

Beispiel: Wieviele Zinstage werden berechnet?

01.01. - 31.01.	Lösung:	29 Tage
01.01. - 30.01.	Lösung:	29 Tage
20.02. - 03.03.	Lösung:	13 Tage*
30.03. - 30.04.	Lösung:	30 Tage
31.05. - 07.06.	Lösung:	7 Tage
01.01. - 31.12.	Lösung:	359 Tage

(* Man nimmt den Februar zu 30 Tagen an. Nur wenn die Zinsen bis zum 28. bzw. 29. Februar zu berechnen sind, berücksichtigt man 28 bzw. 29 Tage.)

Beispiel: Wieviele Zinsen erhält man am Ende eines Jahres, wenn auf ein Sparbuch folgende Beträge einbezahlt wurden. Der Zinsfuß betrug 3%.

Datum	Einzahlung in DM	Zinstage	Zinszahlen
02.01.	1.300	358	4654
16.03.	1.200	284	3408
30.04.	550	240	1320
Summe der Zinszahlen:			9382
Zinsdivisor:			120

Zinsen = $\frac{9382}{120}$ = 78,18 DM

5. Zinssatz bei Gewährung von Skonto

Skonto ist ein Preisnachlaß, der bei der Barzahlung von Waren gewährt wird.
Die Zahlungsbedingungen eines Angebotes lauten: "Zahlung rein netto innerhalb 30 Tagen, 2% Skonto innerhalb 10 Tagen".
Welchem Jahreszins (Effektivverzinsung) entspricht die Ausnutzung des Skontos, falls unterstellt wird, daß am 10. oder am 30. Tag bezahlt wird?

Lösung: Rechnungsbetrag am 30. Tag : R
Rechnungsbetrag am 10. Tag : R(1-0,02) = 0.98 R
Ersparnis : 0,02 R
→ 0,98 R erbringen in (30-10)=20 Tagen 0,02 R an "Zinsen". Welcher jährlichen Verzinsung entspricht dies?

$$p = \frac{Z_t \cdot 360 \cdot 100}{K_0 \cdot t} = \frac{0,02R \cdot 360 \cdot 100}{0,98R \cdot 20} = 36,73 \ .$$

Es werden somit 36,73% Zinsen für 20 Tage gewährt.

6. Barwert bei einfacher Verzinsung

Unter Barwert versteht man den augenblicklichen Tageswert eines in der Zukunft fälligen Kapitals. Diskont ist der Zins, der bei Ankauf einer noch nicht fälligen Forderung abgezogen wird.

Beispiel: Eine Forderung über 10.000 DM, die am 30.10. fällig ist, wird bereits 3 Monate vorher bezahlt. Wie hoch ist der zu zahlende Betrag am 30.07. bei einer Verzinsung von 5%?

Hier wird also nach dem Barwert der Forderung am 30.07. gefragt. Da

$$K_n = K_0\left(1 + n \cdot \frac{p}{100}\right)$$

ist, erhält man den Barwert

$$K_0 = \frac{K_n}{\left(1 + n \cdot \frac{p}{100}\right)} = \frac{10.000 \text{ DM}}{\left(1 + \frac{3}{12} \cdot \frac{5}{100}\right)} = 9876,54 \text{ DM}.$$

Das Verfahren zur Berechnung des Barwertes nennt man Abzinsen oder Diskontieren. Die Forderung über 10.000 DM, fällig am 30.10., wird auf den 30.07. abgezinst. Würde man den abgezinsten Betrag von 9876,54 DM zu 5% 3 Monate lang anlegen, so würde das Kapital wieder auf 10.000 DM wachsen. Der Zinsabzug oder Diskont beträgt 123,46 DM.

Merke: Im kaufmännischen Geschäftsverkehr ist es jedoch aus Vereinfachungsgründen üblich, den Barwert als Differenz zwischen fälligem Betrag und Zinsen vom fälligen Betrag zu berechnen, d.h.

$$K_0 = K_n - \tilde{Z}_n = K_n\left(1 - n \cdot \frac{p}{100}\right),$$

wobei $\tilde{Z}_n$ den Zinsertrag, berechnet aus dem Endkapital, angibt.

Ist der Abzinsungszeitraum nicht zu groß, so ist der Unterschied zwischen beiden Berechnungsarten gering, wie das nachfolgende Beispiel zeigt:

Beispiel: Einer Bank wird am 20.11. ein am 30.11. fälliger Wechsel über 3.000 DM zum Diskont eingereicht. Der Diskontsatz beträgt inkl. Provision 8%. Welchen Betrag zahlt die Bank?

$$K_0 = K_n - \tilde{Z}_n = 3.000 \text{ DM} - 3.000 \text{ DM} \cdot \frac{10}{360} \cdot \frac{8}{100}$$
$$= 3.000 \text{ DM} - 6,67 \text{ DM} = 2.993,33 \text{ DM}$$

(Diskont = 6,67 DM).

Die korrekte Berechnung ergäbe einen Barwert von

$$K_0 = \frac{3.000 \text{ DM}}{1 + \frac{10}{360} \cdot \frac{8}{100}} = 2.993,35 \text{ DM}.$$

Die Differenz ist hier zu vernachlässigen. Der Leser mache sich jedoch am folgenden Beispiel klar, daß die kaufmännische Diskontierung bei längeren Abzinsungszeiträumen erheblich von der sogenannten bürgerlichen Diskontierung abweicht.

Beispiel: A überläßt B sein Motorrad mit der Vereinbarung, hierfür in fünf Jahren DM 10.000,- von B zu erhalten. Was ist das Motorrad am Tage der Vereinbarung *bar* (bezahlt) wert, wenn bei einfacher Verzinsung von 4,5% Jahreszinsen ausgegangen wird?

Antwort: Das Motorrad ist in bar das Anfangskapital K_0 (= Barwert) wert, das in 5 Jahren bei p=4,5 das Endkapital K_n = 10.000 DM erbringt.

$$\boxed{K_0 = \frac{K_n}{1 + n \cdot \frac{p}{100}}} = \frac{10.000,- \text{ DM}}{1 + 5 \cdot \frac{4,5}{100}} = 8.163,27 \text{ DM}.$$

(Das Motorrad entspricht am Tage der Vereinbarung einem Barwert von 8.163,27 DM.)

Barwert bei kaufmännischer Diskontierung

$$K_0 = 10.000 \text{ DM} - 5 \cdot \frac{4,5}{100} \cdot 10.000 \text{ DM} = 7.750,- \text{ DM}.$$

Setzt man den Barwert von 7750 DM in die Formel für den korrekten Barwert ein, so erhält man

$$7750 \text{ DM} = \frac{10.000 \text{ DM}}{1 + 5 \cdot \frac{p}{100}}$$

bzw.

$$p = \left(\frac{\frac{10.000}{7750} - 1}{5} \right) \cdot 100 = 5,81.$$

Die kaufmännische Diskontierung hat also den gleichen Effekt wie die bürgerliche Diskontierung mit einem höheren Diskontsatz (bzw. Zinsfuß).

Merke: Bei der kaufmännischen Diskontierung (z.B. beim Wechseldiskont) ist der tatsächliche Zinssatz höher als der angegebene. Die Differenz wird um so größer, je länger der Diskontierungszeitraum ist.

Im Gegensatz zur Diskontierung mit einfachen Zinsen, die im kaufmännischen Bereich dominiert, gibt es die Diskontierung mit Zinseszinsen, die beispielsweise im Versicherungswesen oder auf dem Kapitalmarkt üblich ist.

III. Übungsaufgaben

1. Der Student S. überzieht sein Bankkonto in der Zeit vom 06.03. bis 26.06.1989 um 1.500 DM. Der Sollzinssatz der Bank beträgt 10% p.a.. Wie hoch sind die Sollzinsen?

2. Ein Rentner bezieht eine Jahresrente von 24.000 DM. Welches Kapital muß er in 8%igen Pfandbriefen anlegen, um daraus denselben Ertrag zu erzielen?

3. Eine Rechnung über 3.250 DM wird nicht sofort bezahlt. Daher sind Verzugszinsen in Höhe von 144,45 DM zu bezahlen. Für welche Zeitspanne wurden Verzugszinsen berechnet, falls der Zinsfuß 8% beträgt?

4. Eine Rechnung von 10.000 DM soll bezahlt werden. Die Zahlungsbedingungen lauten: "Zahlung ohne Abzug innerhalb 30 Tagen; bei Zahlung innerhalb 10 Tagen Abzug von 2% Skonto". Welcher Jahresverzinsung entspricht diese Zahlungsbedingung, wenn unterstellt wird, daß genau am 30. bzw. am 10. Tag bezahlt wird?

5. Ein Girokonto weist am Jahresende ein Guthaben von 2.400 DM auf. Im folgenden Jahr werden am 05.03. auf das Konto 10.000 DM überwiesen; am 20.01. und am 15.02. werden jeweils 4.000 DM abgebucht. Die Bank berechnet 12% Sollzins und 0,5% Habenzins. Stellen Sie die Zinsabrechnung zum 31.03. auf.

6. Eine Rechnung über 5.000 DM mit einem Zahlungsziel von 3 Monaten soll bezahlt werden. Bei Zahlung innerhalb 10 Tagen wird ein Skonto von 2% gewährt. Liquide Mittel stehen in den nächsten 3 Monaten nicht zur Verfügung. Soll die Rechnung dennoch am 10. Tag unter Inanspruchnahme eines Kontokorrentkredits zu 10% bezahlt werden?

7. Folgende drei Wechsel werden von einer Bank zu 8% Zins zum 31.08. kaufmännisch diskontiert:
   3.000 DM, fällig am 28.09.
   4.000 DM, fällig am 18.10.
   7.000 DM, fällig am 02.11.
   Wie hoch ist die Gutschrift der Bank, falls insgesamt 9,- DM Spesen anfallen?

8. Jemand kauft Waren für 1.000 DM auf 3 Monate Ziel. Lohnt es sich, bei einem Zinssatz von 10%, die Rechnung sofort zu bezahlen, wenn bei Barzahlung 2% Skonto eingeräumt werden?

B. RECHNEN MIT ZINSESZINSEN

I. Testaufgaben

1. Ein Sparer legt 1.000 DM zu 3% an. Wie hoch ist sein Kontostand nach 10 Jahren bei jährlicher Zinszahlung?
   Lösung: 1343,92 DM → B 1

2. Welcher Betrag muß zu 4% bei jährlicher Zinszahlung angelegt werden, damit daraus nach 10 Jahren 10.000 DM werden?
   Lösung: 6.755,64 DM → B 4

3. Welcher Betrag muß zu 4% Jahreszinsen bei vierteljährlicher Zinszahlung angelegt werden, damit daraus nach 10 Jahren 10.000 DM werden?
   Lösung: 6.716,53 DM → B 2, B 4

4. Eine Festgeldanlage werde monatlich zu 3% Jahreszinsen verzinst. Berechnen Sie den effektiven Jahreszinssatz.
   Lösung: 3,04% → B 3

5. Die Weltbevölkerung betrug 1985 etwa 4,5 Mrd.. Für das Jahr 2100 wird sie auf 10,5 Mrd. vorausgeschätzt. Berechnen Sie die durchschnittliche jährliche Wachstumsrate.
   Lösung: 0,74% → B 5.1

6. Die Inflationsrate beträgt 5% pro Jahr. Nach wieviel Jahren hat sich das Preisniveau verdoppelt?
   Lösung: 14,2 Jahre → B 5.2

7. Eine Festgeldanlage wird vierteljährlich verzinst. Der effektive Jahreszinssatz beträgt 5,1%. Berechnen Sie den Jahreszins, den die Bank gewährt.
   Lösung: 5% → B 3

8. Ein Kapital über 5.000 DM werde zu 6% für 5 Jahre angelegt. Die jährliche Inflationsrate beträgt 3%. Wie hoch ist die reale Verzinsung?
   Lösung: 2,91% → B 5.3

9. Nach wieviel Jahren verdoppelt sich ein Kapital, falls die Verzinsung monatlich mit 0,5% erfolgt?
   Lösung: 11,58 Jahre → B 2, B 5.2

10. Eine Nullkupon-Anleihe, die heute zum Kurs von 60% gehandelt wird, soll in 8 Jahren zu einem Kurs von 100% zurückbezahlt werden. Wie hoch ist die jährliche Verzinsung?

    Lösung: 6,6%   → B 1

11. Ein Kapital werde im ersten Jahr zu 2%, im zweiten Jahr zu 6% und im dritten Jahr zu 10% verzinst. Berechnen Sie die durchschnittliche Verzinsung pro Jahr.

    Lösung: 5,95%   → B 5.4

12. Wie lange müssen 10.000 DM angelegt werden, damit sie bei einer Verzinsung von 7% ein Endkapital von 25.000 DM erbringen?

    Lösung: 13,54 Jahre   → B 1

II. Lehrtext

Bei der Zinseszinsrechnung werden die anfallenden Zinsen jeweils zum Kapital hinzugezählt und in der nachfolgenden Zinsperiode mitverzinst.

Abkürzung: (wegen häufigen Vorkommens)

$$1 + \frac{p}{100} = q$$ q heißt Zinsfaktor.

1. Jährliche Verzinsung

Beispiel: Anfangskapital K_0 = 1.000,- DM; Jahreszinsen von 5% (p=5); Zinsperiode 1 Jahr, d.h. m=1.

Jahr	Datum	Kapital	Zinsen	Endkapital
	01.01.	K_0 = 1.000,- DM		
1	31.12.		$K_0 \cdot \frac{p}{100}$ = 50,-- DM	$K_1 = K_0 + K_0 \cdot \frac{p}{100} =$ $= K_0 \cdot \left(1 + \frac{p}{100}\right) = K_0 \cdot q^1$ $= 1.050,-- $ DM

	01.01.	$K_1 = K_0 \cdot q^1$
		$= 1.050,-- \text{ DM}$

2 31.12. $K_1 \cdot \frac{p}{100} = 52{,}50 \text{ DM}$ $K_2 = K_1 + K_1 \cdot \frac{p}{100} = K_1 \cdot q^1$
$= (K_0 \cdot q) \cdot q = K_0 \cdot q^2$
$= 1.102{,}50 \text{ DM}$

01.01. $K_2 = K_0 \cdot q^2$
$= 1.102{,}50 \text{ DM}$

3 31.12. $K_2 \cdot \frac{p}{100} = 55{,}13 \text{ DM}$ $K_3 = K_0 \cdot q^3$
$= 1.157{,}63 \text{ DM}$

01.01. $K_{n-1} = K_0 \cdot q^{n-1}$

n 31.12. $K_{n-1} \cdot \frac{p}{100}$ $K_n = K_0 \cdot q^n$

Endkapital nach n Jahren:

$$K_n = K_0 \cdot q^n$$

$q^n = \left(1 + \frac{p}{100}\right)^n$ heißt Aufzinsungsfaktor, weil das Anfangskapital, das mit diesem Faktor multipliziert wird, sich auf den Wert des Endkapitals vermehrt (= aufzinst).

Typische Fragestellungen:

a) Wieviel Kapital erbringt $K_0 = 1.000.\text{-DM}$ nach 7 Jahren bei 5% Jahreszinsen?
→ Frage nach dem Endkapital!

$K_n = K_0 \cdot q^n$

$K_7 = 1.000,\text{- DM} \cdot \left(1 + \frac{5}{100}\right)^7 = 1.000.\text{- DM} \cdot 1{,}05^7 = 1.407{,}10 \text{ DM}.$

b) Welche Summe jetzt angelegt bringt nach 8 Jahren bei 5% Jahreszinsen ein Kapital von 1.477,45 DM ?
→ Frage nach dem Barwert!

$K_0 = \frac{K_n}{q^n} = \frac{1.477{,}45 \text{ DM}}{1{,}05^8} = 1.000,-- \text{ DM}.$

Anmerkung: Der Faktor $1/q^n$ heißt Abzinsungsfaktor.

c) Welche Zinsen werden gewährt, wenn 1.000,-- DM nach 6 Jahren 1.229,25 DM erbringen?

→ Frage nach dem Zinsfuß!

$$q^n = \frac{K_n}{K_0} \qquad = q^6 = \frac{1.229{,}25 \text{ DM}}{1.000{,}-- \text{ DM}} = 1{,}22925$$

$$q = \sqrt[n]{\frac{K_n}{K_0}} = 1 + \frac{p}{100} \qquad = q = \sqrt[6]{1{,}22925} = 1{,}034999$$

$$\frac{p}{100} = \sqrt[n]{\frac{K_n}{K_0}} - 1 \qquad = 0{,}035$$

$$\boxed{p = 100 \cdot \left\{\sqrt[n]{\frac{K_n}{K_0}} - 1\right\} = 3{,}5}$$

Der Zinsfuß beträgt 3,5%.

d) Wie lange müssen 1.000,- DM festgelegt werden, wenn sie bei einer Verzinsung von 6.45% ein Endkapital von 1.650,- DM erbringen sollen?

→ Frage nach der Zeit bzw. nach der Anzahl der Verzinsungen!

$$q^n = \frac{K_n}{K_0} = \left(1 + \frac{6{,}45}{100}\right)^n = 1{,}0645^n .$$

Die Gleichung löst man durch Logarithmieren nach einer beliebigen Basis: (üblicherweise Basis 10 oder e: $\lg x = \log_{10} x$, $\ln x = \log_e x$).

$$\lg q^n = \lg \frac{K_n}{K_0} \qquad = \lg 1{,}0645^n$$

$$n \cdot \lg q = \lg \frac{K_n}{K_0} = \lg K_n - \lg K_0 \qquad = n \cdot \lg 1{,}0645 = n \cdot 0{,}027146$$

$$\qquad \qquad = \lg \frac{1650}{1000} = \lg 1{,}65 =$$

$$n = \frac{\lg K_n - \lg K_0}{\lg q} \qquad = n = \frac{0{,}217483}{0{,}027146} = 8{,}011$$

$$\boxed{n = \frac{\lg \frac{K_n}{K_0}}{\lg q}} \qquad n \approx 8 \text{ Jahre bzw. 8 Verzinsungen}$$

Die Ableitung mit dem natürlichen Logarithmus zur Basis e führt bis auf Rundungsunterschiede zum gleichen Ergebnis:

$$n = \frac{\ln 1{,}65}{\ln 1{,}0645} = \frac{0{,}50077}{0{,}06250} = 8{,}012 .$$

2. Unterjährliche Verzinsung und stetige Verzinsung

Der Zinsfuß p wird bei unterjährlicher Verzinsung als Jahreszins auf den Zinszeitraum von einem Jahr festgelegt, jedoch wird in einer kürzeren Zinsperiode, d.h. mehrmals im Jahr, verzinst; die Zinsperiode ist 1/m-tel Jahr.

Die Zinsen werden nach jeder Verzinsung am Ende der Zinsperiode zum Kapital hinzuaddiert und in der nächsten Zinsperiode wieder mitverzinst.

<u>Beispiel:</u> vierteljährliche Verzinsung → m = 4 ;

Anfangskapital K_0 = 1.000,-- DM ;

Jahreszinsen von 5% (p = 5) .

→ Zinsperiode = 1/4 Jahr ;

Vierteljahreszins p* = p/m = 5/4 = 1,25 ;

Abkürzung: $q^* = 1 + \frac{p^*}{100} = 1 + \frac{1,25}{100} = 1,0125$.

Jahr	Zins-periode	Kapital am Ende der jeweiligen Zinsperiode	
n = 0		K_0	= 1.000,-- DM
n = 1	m = 1	$K_0 + K_0 \cdot \frac{p^*}{100} = K_0 \cdot \left(1 + \frac{p^*}{100}\right) = K_0 \cdot q^*$	= 1.012,50 DM
	m = 2	$K_0 \cdot q^* + K_0 \cdot q^* \cdot \frac{p^*}{100} = K_0 \cdot q^* \cdot q^* = K_0 \cdot q^{*2}$	= 1.025,16 DM
	m = 3	$K_0 \cdot q^{*2} + K_0 \cdot q^{*2} \cdot \frac{p^*}{100} = K_0 \cdot q^{*3}$	= 1.037,97 DM
	m = 4	$K_0 \cdot q^{*4} = \qquad = K_0 \cdot q^{*4 \cdot 1}$	= 1.050,95 DM
n = 2	m = 1	$K_0 \cdot q^{*4} + K_0 \cdot q^{*4} \cdot \frac{p^*}{100} = K_0 \cdot q^{*5}$	= 1.064,08 DM
	m = 4	$K_0 \cdot q^{*8} = \qquad = K_0 \cdot q^{*4 \cdot 2}$	= 1.104,49 DM

<u>allgemein:</u> Nach N Zinsperioden erhält man das Kapital

$$K = K_0 \cdot q^{*N} .$$

speziell: Meist werden ganze Jahre (Zinszeiträume) vereinbart, so daß gilt

$$N = m \cdot n \quad \begin{array}{l}\text{(z.B. Vierteljahreszins} \\ \text{3 Jahre Laufzeit} \to m=4 \\ n=3 : N=12 \text{ Verzinsungen)}\end{array}$$

und $\quad K_n = K_0 \cdot q^{*N} = K_0 \cdot q^{*m \cdot n} = K_0 \cdot \left(1 + \dfrac{p^*}{100}\right)^{m \cdot n}$;

mit $p^* = \dfrac{p}{m}$ folgt : $\boxed{K_n = K_0 \cdot \left(1 + \dfrac{p}{m \cdot 100}\right)^{m \cdot n}}$

Übersicht: Einfluß der Anzahl der Verzinsungen (= Anzahl m der Zinsperioden) auf den Kapitalertrag für n=1 Jahr: ($K_0 = 1.000,-$ DM , $p = 5$).

Verzinsung	m	p*	Kapitalertrag nach einem Jahr	
jährlich	1	5	1000,-DM $\cdot$ $1{,}05^1$	= 1.050,00 DM
halbjährlich	2	2,5	1000,-DM $\cdot$ $1{,}025^2$	= 1.050,63 DM
vierteljährlich	4	1,25	1000,-DM $\cdot$ $1{,}0125^4$	= 1.050,95 DM
monatlich	12	0,417	1000,-DM $\cdot$ $1{,}00417^{12}$	= 1.051,16 DM
wöchentlich	52	0,0961	1000,-DM $\cdot$ $1{,}000961^{52}$	= 1.051,24 DM
täglich	360	0,0139	1000,-DM $\cdot$ $1{,}000139^{360}$	= 1.051,26 DM
stündlich	8640	0,00058		= 1.051,27 DM

$\left(\text{Die Werte für m>4 sind mit der Formel } \left(1 + \dfrac{5/m}{100}\right) \text{ berechnet, da sonst stärkere Rundungsfehler auftreten.}\right)$

Werden bei unterjährlicher Verzinsung die Zinsperioden immer kleiner und somit die Anzahl der Verzinsungen immer größer, so nähert sich die diskontinuierliche Verzinsung einer kontinuierlichen bzw. einer *stetigen* Verzinsung; die Zinsperioden werden unendlich klein und somit ihre Anzahl im Jahr unendlich groß: $m \to \infty$.

$$K_1 = 1000,\text{-DM} \cdot \lim_{m \to \infty}\left(1 + \dfrac{0{,}05}{m}\right)^m =$$
$$= 1000,\text{-DM} \cdot e^{0{,}05} = 1.051{,}27 \text{ DM}.$$

Allgemein gilt nach n Jahren: $\boxed{K_n = K_0 \cdot e^{\frac{p}{100} \cdot n}}$

Die Größe e=2,718..., die sog. *Eulersche Zahl*, ist eine irrationale Zahl.

Merke: Der Zuwachs an Kapital wird um so größer, je öfter im Jahr (bzw. im Zinszeitraum) verzinst wird; den größten Zuwachs (= Grenzwert) erhält man bei der stetigen Verzinsung.

3. Effektivzins und konformer Zins

Derjenige Zinssatz, der bei einer jährlichen Verzinsung (= einmalige Verzinsung im Zinszeitraum) den gleichen Kapitalzuwachs erbringt wie die unterjährliche Verzinsung (=mehrmalige Verzinsung im Zinszeitraum) heißt *effektiver Zinsfuß oder Effektivzins* p_{eff}, da er den gleichen *Effekt* erzielt wie die mehrmalige Verzinsung.

$$K_n = K_0 \cdot \left(1 + \frac{p}{m \cdot 100}\right)^{m \cdot n} = K_0 \cdot \left[\left(1 + \frac{p}{m \cdot 100}\right)^m\right]^n =$$

$$= K_0 \cdot \left[1 + \frac{p_{eff}}{100}\right]^n$$

Effektivzins: $\boxed{p_{eff} = 100 \cdot \left[\left(1 + \frac{p}{m \cdot 100}\right)^m - 1\right]}$.

Merke: Der Effektivzins hängt von der Anzahl der Verzinsungen im Jahr (= Zinszeitraum) ab.

Übersicht: Effektivzins in Abhängigkeit von der Anzahl der Zinsperioden (Jahreszins p=5).

m = 1	$p_{eff} = p = 100 \cdot \left(\left(1 + \frac{5}{100}\right)^1 - 1\right)$	= 5
m = 2	$p_{eff} = 100 \cdot \left(\left(1 + \frac{5}{2 \cdot 100}\right)^2 - 1\right)$	= 5,063
m = 4	$p_{eff} = 100 \cdot \left(\left(1 + \frac{5}{4 \cdot 100}\right)^4 - 1\right)$	= 5,095
m = 12	$p_{eff} = 100 \cdot \left(\left(1 + \frac{5}{12 \cdot 100}\right)^{12} - 1\right)$	= 5,116
m = 52	$p_{eff} = 100 \cdot \left(\left(1 + \frac{5}{52 \cdot 100}\right)^{52} - 1\right)$	= 5,125
m = 360	$p_{eff} = 100 \cdot \left(\left(1 + \frac{5}{360 \cdot 100}\right)^{360} - 1\right)$	= 5,127
m = 8640	$p_{eff} = 100 \cdot \left(\left(1 + \frac{5}{8640 \cdot 100}\right)^{8640} - 1\right)$	= 5,127
m → ∞	$p_{eff} = 100 \cdot \left(e^{\frac{5}{100}} - 1\right)$	= 5,127

B. Rechnen mit Zinseszinsen

Merke: Der hier beschriebene effektive Zinsfuß gilt nur im Zusammenhang mit der unterjährlichen zinseszinslichen Verzinsung. Man kann je nach Fall auch sich anders zusammensetzende sogenannte effektive Zinsfüße im Zusammenhang mit anderen Aufwendungen festlegen; dies zeigen die beiden nachfolgenden Beispiele, die zum tieferen Verständnis des Begriffes *Effektivzins* (= wirksamer Zins) beitragen sollen.

Beispiel 1: $K_0 = 1000,-$ DM, $p=5$, jährliche Verzinsung, die Bank verlangt $10,-$ DM Kontogebühren: z.B. von $K_1 = 1050,-$ DM verbleiben *effektiv* nur

$$K_{eff} = 1.040,- \text{ DM} = 1.000,- \text{ DM} \cdot \left(1 + \frac{p_{eff}}{100}\right);$$

mithin beträgt der effektive Zinsfuß nur

$$p_{eff} = 4 !$$

Beispiel 2: Ein Kreditgeber gewährt einen Kredit über $1000,-$ DM zu 9% Jahreszinsen; es wird vierteljährlich verzinst. Nach drei Jahren sollen die Schuld sowie die angefallenen Zinsen zurückgezahlt werden. Wie hoch ist diese Summe, wenn

a) keine weiteren Kosten anfallen;

b) für jedes Jahr $20,-$ DM an Verwaltungsgebühren berechnet werden, die am Ende der Laufzeit anfallen.

c) zur jährlichen Verwaltungsgebühr bei der Auszahlung noch ein Damnum (Darlehensabschlag) von 3,5% erhoben wird? Welcher Effektivzins ergibt sich jeweils?

a) Schuld und Zinsen ergeben nach drei Jahren:

$$K_n = K_0 \cdot \left(1 + \frac{p}{m \cdot 100}\right)^{m \cdot n} = 1000,- \text{ DM} \cdot \left(1 + \frac{9}{4 \cdot 100}\right)^{4 \cdot 3}$$

$$= K_3 = 1.306,05 \text{ DM}$$

$$K_n = K_0 \cdot \left(1 + \frac{p_{eff}}{100}\right)^n = 1.000,- \text{ DM} \cdot \left(1 + \frac{p_{eff}}{100}\right)^3.$$

p_{eff} kann auf zwei Wegen berechnet werden:

1. $p_{eff} = 100 \cdot \left(\sqrt[n]{K_n/K_0} - 1\right) \quad = 100 \cdot \left(\sqrt[3]{1,30605} - 1\right) = 9,31$.

2. $p_{eff} = 100 \cdot \left(\left(1 + \frac{p}{m \cdot 100}\right)^m - 1\right) = 100 \cdot \left(\left(1 + \frac{2,25}{100}\right)^4 - 1\right) = 9,31$.

b) Rückzahlung: K_n + 3 mal Verwaltungsgebühr

$\rightarrow K = 1.306,05 \text{ DM} + 3 \cdot 20,- \text{ DM} = 1.366,05 \text{ DM};$

Effektivzins: $K = K_0 \cdot \left(1 + \frac{p_{eff}}{100}\right)^n = 1.000,- \text{ DM} \cdot \left(1 + \frac{p_{eff}}{100}\right)^3$

$p_{eff} = 10,96$.

c) Rückzahlung: K = 1.366,05 DM für erhaltene Kreditsumme von K_0 = 1000,- DM minus 35,- DM Damnum.

Für den Kreditnehmer verzinsen sich folglich seine erhaltenen 965,- DM nach drei Jahren auf 1366,05 DM. Nach Berücksichtigung der Verwaltungsgebühren von 60,- DM ergibt sich

$$1.366{,}05 \text{ DM} = 965{,}\text{- DM} \cdot \left(1 + \frac{p_{eff}}{100}\right)^3 \; ; \; p_{eff} = 12{,}28 \; .$$

Der Periodenzinsfuß, der zur vorgegebenen Jahresverzinsung p führt, heißt *konformer Zinsfuß* p_k. Er berechnet sich wie folgt:

bzw.
$$K_0\left(1 + \frac{p}{100}\right) = K_0\left(1 + \frac{p_k}{100}\right)^m$$

$$\boxed{p_k = \left(\sqrt[m]{1 + \frac{p}{100}} - 1\right) \cdot 100}$$

p_k : konformer Zinsfuß
p : Jahreszinsfuß

Beispiel: Eine Festgeldanlage soll vierteljährlich verzinst werden. Die unterjährliche Zinsberechnung soll zu einer Effektivverzinsung führen, die einer Jahresverzinsung von 8% entspricht. Welcher Quartalszins muß dann erhoben werden?

Lösung: Der Periodenzinsfuß $p^* = \frac{8}{4} = 2$ würde zu einer die Jahresverzinsung übersteigenden Effektivverzinsung

$$p_{eff} = \left[\left(1 + \frac{2}{100}\right)^4 - 1\right] \cdot 100 = 8{,}2$$

führen.
Wird jedoch der konforme Zinsfuß

$$p_k = 100 \cdot \left(\sqrt[4]{1 + \frac{8}{100}} - 1\right) = 1{,}94$$

erhoben, so ergibt dies eine Effektivverzinsung, die der geforderten Jahresverzinsung

$$p_{eff} = 100 \cdot \left[\left(1 + \frac{1{,}94}{100}\right)^4 - 1\right] = 8$$

entspricht.

Übersicht: Zinsfüße bei unterjährlicher Verzinsung

p	Jahreszinsfuß
$p^* = \dfrac{p}{m}$	Periodenzinsfuß
$p_k = \left(\sqrt[m]{1 + \dfrac{p}{100}} - 1\right) \cdot 100$	konformer Zinsfuß
$p_{eff} = \left(\left(1 + \dfrac{p}{m \cdot 100}\right)^m - 1\right) \cdot 100$	effektiver Zinsfuß

Es gilt

$$p_k < p^* < \frac{p_{eff}}{m}$$

bzw.

$$p_k \cdot m < p < p_{eff}$$

Merke: Die Berechnung mit dem konformen Zinsfuß führt zu einer effektiven Verzinsung, die dem Jahreszinsfuß entspricht:

$$\boxed{p_k \rightarrow p = p_{eff}}$$

Die Berechnung mit dem Periodenzinsfuß führt zu einer effektiven Verzinsung, die den Jahreszinsfuß übersteigt:

$$\boxed{p^* \rightarrow p_{eff} > p}$$

Beispiel: Eine Festgeldanlage werde monatlich verzinst. Der Jahreszinsfuß beträgt 12%.

→ Jahreszinsfuß $p = 12$
   Periodenzinsfuß $p^* = 1$
   konformer Zinsfuß $p_k = 0{,}949$
   effektiver Zinsfuß $p_{eff} = 12{,}68$

4. Barwert bei der Zinseszinsrechnung

Bei der Berechnung des Barwertes muß beachtet werden, ob die anfallenden Zinsen mitverzinst werden oder nicht. In der Zinseszinsrechnung ist der Barwert jenes Anfangskapital (= abgezinstes Endkapital), welches zum Zinseszins angelegt nach einer bestimmten Zahl von Jahren das Endkapital ergibt. Barwerte lassen sich bei jährlicher, unterjährlicher und stetiger Verzinsung berechnen.

Übersicht: Barwerte

Barwert bei einfacher Verzinsung:

$$K_0 = \frac{K_n}{\left(1 + n \cdot \frac{p}{100}\right)}$$

Näherungsformel für kurze Zinsperioden

$$K_0 = K_n \left(1 - n \cdot \frac{p}{100}\right).$$

Barwert bei Zinseszinsen:
- jährliche Verzinsung:

$$K_0 = \frac{K_n}{q^n}$$

Anm.: $1/q^n$ = Abzinsungsfaktor

- unterjährliche Verzinsung:

$$K_0 = \frac{K_n}{q^{*n \cdot m}}$$

- stetige Verzinsung:

$$K_0 = \frac{K_n}{e^{\frac{p}{100} \cdot n}}$$

Beispiel: Die Nullkupon-Anleihe einer Bank wird im Jahre 2000 zu 100.- DM zurückbezahlt. Zu welchem Preis wird die Anleihe 1988 bei einer Verzinsung von 7% gehandelt?

(Eine Nullkupon-Anleihe oder ein Zerobond ist ein Wertpapier, bei dem keine laufende Verzinsung erfolgt. Der Anleger bekommt stattdessen am Ende der Laufzeit mehr Geld zurück, als er für den Kauf der Papiere ausgegeben hat.)

Lösung: Gefragt ist nach dem Barwert, der nach 12-jähriger Verzinsung mit 7% das Kapital von 100,- DM erbringt.

$$\rightarrow K_0 = \frac{100 \text{ DM}}{1,07^{12}} = 44,40 \text{ DM}.$$

Beispiel: Welcher Betrag muß zu 6% Jahreszinsen bei monatlicher Zinszahlung angelegt werden, damit daraus nach 5 Jahren 10.000,- DM werden?

Lösung: Monatszins $p^* = \frac{6}{12} = 0,5$

$q^* = 1,005$

$m = 12$

$n = 5$

$$K_0 = \frac{10.000 \text{ DM}}{1,005^{60}} = 7.413,72 \text{ DM}.$$

Beispiel: Welcher Betrag muß zu 5% Jahreszinsen bei stetiger Verzinsung angelegt werden, damit daraus nach 10 Jahren 10.000 DM werden?

Lösung: $K_0 = \dfrac{10.000 \text{ DM}}{e^{0,05 \cdot 10}} = \dfrac{10.000 \text{ DM}}{e^{0,5}} = 6.065,31 \text{ DM}$.

5. Anwendungen

5.1 Wachstumsraten

a) Diskontinuierliches Wachstum

Verzinsungsformeln werden in den Sozial- und Wirtschaftswissenschaften zur Modellierung von Wachstumsprozessen angewandt.

- Absolutes Wachstums pro Periode ist die Differenz zwischen Anfangs- und Endbestand, d.h.

$$K_1 - K_0.$$

- Bezieht man den absoluten Zuwachs ($K_1 - K_0$) auf den Anfangsbestand, so erhält man das relative Wachstum (bzw. Wachstum im engeren Sinne)

$$\dfrac{K_1 - K_0}{K_0} = \dfrac{K_1}{K_0} - 1 = \dfrac{p}{100} = q - 1$$

Merke: Im Zusammenhang mit Wachstumsprozessen wird p *Wachstumsrate* und q *Wachstumsfaktor* genannt.

Beispiel: Der Umsatz eines Unternehmens beträgt im Jahr 1988 50 Mio. DM. Wie hoch ist der Umsatz im Jahr 2000, falls eine jährliche durchschnittliche Wachstumsrate von 8% unterstellt wird?

Lösung: $n = (2000-1988) = 12$

$K_{12} = 50 \text{ Mio. DM} \cdot 1.08^{12} = 125{,}9 \text{ Mio. DM}$.

Beispiel: Der Umsatz eines Unternehmens hat sich zwischen 1980 und 1988 von 50 Mio. DM auf 100 Mio. DM verdoppelt. Berechnen Sie die jährliche durchschnittliche Wachstumsrate.

Lösung: $q = \sqrt[n]{\frac{K_n}{K_0}} = \sqrt[8]{2} = 1{,}0905$

→ $p = 9{,}05$.

Beispiel: Die folgende Tabelle gibt die Wachstumsraten des Bruttosozialproduktes der Bundesrepublik Deutschland zwischen 1980 und 1987 an.

Veränderung gegenüber Vorjahr in %						
1981	1982	1983	1984	1985	1986	1987
4,0	3,4	5,1	5,3	4,3	5,6	3,8

a) Im Jahr 1980 betrug das Bruttosozialprodukt 1485,2 Mrd. DM. Wie hoch war es 1987?
b) Berechnen Sie die durchschnittliche Wachstumsrate zwischen 1981 und 1987.

Lösung a: Die Verallgemeinerung der Zinseszinsformel ergibt

$$K_n = K_0 \cdot q_1 \cdot q_2 \cdot q_3 \cdots q_n$$

q_i = Wachstumsfaktor zum Zeitpunkt i.

Man erhält also

$K_7 = (1{,}04 \cdot 1{,}034 \cdot 1{,}051 \cdot 1{,}053 \cdot 1{,}043 \cdot 1{,}056 \cdot 1{,}038) \cdot 1485{,}2$ Mrd. DM

$= 1{,}3606 \cdot 1485{,}2$ Mrd. DM $= \underline{2020{,}8 \text{ Mrd. DM}}$.

Lösung b: Die durchschnittliche Wachstumsrate berechnet man aus

$$K_n = K_0 \bar{q}^n$$

$$\bar{q} = \sqrt[n]{\frac{K_n}{K_0}} = \sqrt[n]{q_1 \cdot q_2 \cdots q_n}$$

$$= \sqrt[7]{\frac{2020{,}7}{1485{,}2}} = \sqrt[7]{1{,}04 \cdot 1{,}034 \cdots \cdot 1{,}038} = 1{,}045.$$

Die durchschnittliche Wachstumsrate ist 4,5%, da $\bar{p} = (\bar{q}-1) \cdot 100 = 4{,}5$.

Merke: Durchschnittliche Wachstumsraten lassen sich auf zwei Arten berechnen:

$$1. \quad \bar{p} = \left(\sqrt[n]{\frac{K_n}{K_0}} - 1\right) \cdot 100$$

$$2. \quad \bar{p} = \left(\sqrt[n]{q_1 \cdot q_2 \cdots q_n} - 1\right) \cdot 100$$

Den Ausdruck $\sqrt[n]{q_1 \cdot q_2 \cdots q_n}$ bezeichnet man als *geometrisches Mittel* der Wachstumsfaktoren q_1 bis q_n. Die Größen unterhalb des Wurzelzeichens müssen positiv sein, da es unmöglich und sinnlos ist, die Wachstumsrate zwischen einer positiven und einer negativen Ausgangsgröße (z.B. Gewinn) ermitteln zu wollen.

Beispiel: Ein Anleger kauft eine Aktie. Im ersten Jahr steigt der Kurs um 50%; im zweiten Jahr sinkt er dagegen um 50%. Berechnen Sie die jährliche durchschnittliche Wachstumsrate.

Lösung: $q_1 = 1 + \frac{p}{100} = 1,5$

$q_2 = 1 + \frac{(-p)}{100} = 1 - \frac{p}{100} = 0,5$ (negatives Wachstum)

$\bar{p} = \left(\sqrt[2]{1,5 \cdot 0,5} - 1\right) \cdot 100 = -13,4 \stackrel{\wedge}{=} -13,4\%$.

Beispiel: Folgende jährliche Wachstumsraten sind gegeben:
200%, -60%, 20%, -30%, 300%.
Berechnen Sie die durchschnittliche Wachstumsrate.

Lösung: $\bar{p} = \left(\sqrt[5]{3 \cdot 0,4 \cdot 1,2 \cdot 0,7 \cdot 4} - 1\right) \cdot 100 = 32,16 \stackrel{\wedge}{=} 32,16\%$.

Beispiel: Innerhalb eines Jahres stieg der Gewinn eines Unternehmers von 10 DM auf 10.000 DM. Wie hoch ist die Wachstumsrate?

Lösung: $q = \frac{10.000}{10}$

→ $p = (q-1) \cdot 100$
$= 999 \cdot 100$
$\stackrel{\wedge}{=} 99.900\ \%$.

b) Stetiges Wachstum

Bei einigen Wachstumsprozessen erfolgen die Zuwächse nicht diskontinuierlich nach einer bestimmten Zeit, sondern laufend bzw. stetig. Ein Beispiel dafür sind Bevölkerungswachstumsprozesse. Diese Prozesse werden daher i.d.R. mit der der stetigen Verzinsungsformel modelliert. Im Gegensatz dazu wird Wirtschaftswachstum (Wachstum des Bruttosozialprodukts, Umsatzwachstum, etc.) i.a. mit jährlichen Wachstumsraten berechnet, obwohl die Zuwächse meist laufend zu beobachten sind. Strenggenommen müßte man auch hier die stetige Wachstumsformel anwenden. Dies hat sich in der Praxis aber nicht durchgesetzt.

Beispiel: Zur Zeit beläuft sich die Weltbevölkerung auf etwa 5 Mrd. Menschen, und sie wächst mit einer jährlichen Wachstumsrate von ungefähr 1,8%. Auf welche Zahl ist die Weltbevölkerung nach 20 Jahren angewachsen?

Lösung: $K_0 = 5$ Mrd.

$p = 1,8$

$n = 20$

$$K_{20} = K_0 \cdot e^{\frac{p}{100} \cdot n} = 5 \text{ Mrd.} \cdot e^{0,018 \cdot 20}$$

$$= 5 \text{ Mrd.} \cdot e^{0,36} = 5 \text{ Mrd.} \cdot 1,433 = 7,17 \text{ Mrd.} \, .$$

Beispiel: Italien hatte 1960 eine Bevölkerung von 49,6 Mio.. Bis zum Jahr 1980 stieg sie auf 57,1 Mio. an. Wie hoch war die jährliche Wachstumsrate im Durchschnitt?

Lösung: Aus $K_n = K_0 \, e^{\frac{p}{100} \cdot n}$

folgt

$$p = \frac{100}{n} \, ln\left(\frac{K_n}{K_0}\right)$$

bzw.

$$p = \frac{100}{20} \, ln\left(\frac{57,1}{49,6}\right) = 0,7 \, .$$

5.2 Verdopplungs-, Verdreifachungs- und Halbierungszeiten

Verdopplungszeit ist die Periode, innerhalb der sich ein gegebenes Kapital bei vorgegebenem Zinssatz verdoppelt.

Da

$$K_n = K_0 \cdot q^n$$

bzw. bei einer Verdopplung

$$\frac{K_n}{K_0} = 2 = q^n$$

ist, erhält man für die Verdopplungszeit

$$n = \frac{ln \, 2}{ln \, q} = \frac{ln \, 2}{ln(1+p/100)} \, .$$

Da für einen kleinen Zinsfuß p

$$ln\left(1 + \frac{p}{100}\right) \approx \frac{p}{100}$$

und $ln\ 2 = 0{,}7$ ist, ergibt sich für die Verdopplungszeit folgende Faustformel:

$$\boxed{\text{Verdopplungszeit} \approx \frac{70}{p}}$$

Beispiel: In wieviel Jahren verdoppelt sich ein Kapital bei einer Verzinsung von 5%?

Lösung: $n = \dfrac{ln\ 2}{ln\ 1{,}05} = 14{,}21$ Jahre

Faustformel: $\dfrac{70}{5} = 14$ Jahre.

In entsprechender Weise lassen sich Verdreifachungszeiten, Halbierungszeiten etc. für jährliche, unterjährliche und stetige Verzinsung ableiten.

Beispiel: Ein Sparer legt 1.000 DM zu 5% Zinsen p.a. an. Nach wieviel Jahren hat sich sein Kapital verdreifacht?

Lösung: $\dfrac{K_n}{K_0} = 3 = q^n = 1{,}05^n$

bzw.

$n = \dfrac{ln\ 3}{ln(1{,}05)} = 22{,}52$ Jahre.

Beispiel: Eine Bevölkerung schrumpft jährlich um 0,5%. Nach wieviel Jahren hat sich die Bevölkerung halbiert?

Lösung: $K_n = K_0\ e^{-0{,}005n}$

bzw.

$\dfrac{K_n}{K_0} = \dfrac{1}{2} = e^{-0{,}005n}$

$n = \dfrac{ln\ \frac{1}{2}}{-0{,}005} = 138{,}63$ Jahre.

Beispiel: Nach wieviel Jahren verdoppelt sich ein Kapital, falls die Verzinsung vierteljährlich mit 1,5% erfolgt?

Lösung: $2 = (1{,}015)^{m \cdot n}$

bzw.

$2 = (1{,}015)^{4 \cdot n}$

$n = \dfrac{1}{4} \dfrac{ln\ 2}{ln\ 1{,}015} = 11{,}64$ Jahre.

5.3 Realzins (inflationsbereinigter Zinsfuß)

Realzins ist der Zinsertrag einer Kapitalanlage, der sich nach Berücksichtigung der Inflationsrate ergibt. Zu seiner Ermittlung wird das Anfangskapital K_0 einerseits mit dem Nominalzins aufgezinst und andererseits mit der Inflationsrate abgezinst, um das Realkapital in der nächsten Periode zu erhalten.

Nach n Jahren bei p%-iger Verzinsung erhöht sich zwar das Anfangskapital K_0 auf

$$K_n = K_0\left(1 + \frac{p}{100}\right)^n,$$

aber wegen der Inflationsrate von i% ist dieses K_n, gemessen an der heutigen Kaufkraft nur

$$\tilde{K}_n = K_0 \frac{\left(1 + \frac{p}{100}\right)^n}{\left(1 + \frac{i}{100}\right)^n}$$

real wert; demnach verzinst sich K_0 nach n Jahren real nur mit p_r% auf

$$\tilde{K}_n = K_0\left(1 + \frac{p_r}{100}\right)^n = K_0 \frac{\left(1 + \frac{p}{100}\right)^n}{\left(1 + \frac{i}{100}\right)^n}.$$

Der Realzinsfuß berechnet sich zu

$$\boxed{p_r = \left(\frac{\left(1 + \frac{p}{100}\right)}{\left(1 + \frac{i}{100}\right)} - 1\right) \cdot 100}$$

p_r : realer Zinsfuß p.a.

i : Inflations- bzw. Preissteigerungsrate p.a.

p : nominaler Zinsfuß p.a. .

Durch Umformung erhält man

$$p_r = \frac{\frac{p}{100} - \frac{i}{100}}{1 + \frac{i}{100}} \cdot 100 = \frac{p - i}{1 + \frac{i}{100}} \;;$$

hieraus läßt sich für nicht zu große Inflationsraten i als Näherungsformel

$$\boxed{p_r \approx p - i}$$

gewinnen, wobei $\left(1 + \frac{i}{100}\right) \approx 1$ gesetzt wird.

Beispiel: Jemand legt 10.000 DM fünf Jahre zu 5% an. Die Inflationsrate beträgt 4% jährlich.

a) Berechnen Sie die reale Verzinsung.

b) Berechnen Sie das reale (= inflationsbereinigte) Endkapital nach 5 Jahren.

a) $p_r = \left(\dfrac{1{,}05}{1{,}04} - 1\right) \cdot 100 = 0{,}96$

Näherungsformel: $p_r = 5\text{-}4 = 1$.

b) $K_5 = 10.000 \text{ DM} \cdot \left(\dfrac{1{,}05}{1{,}04}\right)^5 = 10.490{,}10 \text{ DM}$.

5.4 Unterschiedliche Zinssätze pro Periode

Bei vielen Anlagen verändern sich die Zinssätze im Laufe der Zeit. Ein Beispiel für solche Anlagen sind Bundesschatzbriefe. Sie sind Finanzierungspapiere vom Bund. Beim Typ B, dessen Laufzeit 7 Jahre beträgt, werden die Zinsen nach Ende der Gesamtlaufzeit ausbezahlt. Es gelten z.B. folgende Konditionen:

Jahr	1	2	3	4	5	6	7
Zins (%)	4	5,5	6,0	6,5	7,5	8,0	8,0

Beispiel: Jemand kauft für 1.000 DM Bundesschatzbriefe vom Typ B. Auf welchen Betrag wächst das investierte Kapital nach 7 Jahren an? Wie hoch ist die durchschnittliche Verzinsung?

Lösung: Wie im Falle unterschiedlicher Wachstumsraten (vgl. 5.1) lautet die allgemeine Zinseszinsformel

$$K_n = K_0 \cdot q_1 \cdot q_2 \cdots q_n$$

mit $q_i = 1 + \dfrac{p_i}{100}$

bzw. die Formel für die durchschnittliche Verzinsung (vgl. 5.1)

$$\overline{p} = \left(\sqrt[n]{q_1 \cdot q_2 \cdots q_n} - 1\right) \cdot 100.$$

Es ist also

$K_7 = 1.000 \text{ DM} \cdot 1{,}04 \cdot 1{,}055 \cdot 1{,}06 \cdot 1{,}065 \cdot 1{,}075 \cdot 1{,}08 \cdot 1{,}08$

$= 1553{,}09 \text{ DM}$

und $\overline{p} = \left(\sqrt[7]{1{,}55309} - 1\right) \cdot 100 = 6{,}49$.

5.5 Gemischte Verzinsung

Es ist eine oft geübte Bankpraxis, bei nicht voll abgelaufenen Zinsperioden (meist zu Ende einer Laufzeit) nur noch einfach gemäß der Dauer der angebrochenen Zinsperiode zu verzinsen.

Beispiel: Es werden 10.000,- DM zu 6% Jahreszinsen zinseszinslich angelegt. Nach 3 1/2 Jahren und 14 Tagen wird das Kapital zurückgefordert. Wieviel Kapital hat sich angesammelt?

Lösung: Laufzeit: 3 volle Zinsperioden von 3 Jahren, 6 Monate (1 Monat = 30 Tage) und 14 Tage angebrochene Zinsperiode. Für die 194 Tage der angebrochenen 4. Zinsperiode werden einfache Zinsen auf das Kapital K_n gewährt. (n^* = Bruchteil der Zinsperiode; n^*=194/360)

$$N = n + n^* = 3 + \frac{194}{360}$$

$$K_N = K_n \left(1 + n^* \frac{p}{100}\right) ;$$

$$\boxed{K_N = K_0 \left(1 + \frac{p}{100}\right)^n \left(1 + n^* \frac{p}{100}\right)}$$

$$= 10.000 \text{ DM} \left(1 + \frac{6}{100}\right)^3 \left(1 + \frac{194}{360} \cdot \frac{6}{100}\right) = 12.295,25 \text{ DM}.$$

Merke: Bezieht man die einfache Verzinsung auf Bruchteile von Zinsperioden, so ergeben sich höhere Zinsen als mit der zinseszinslichen Formel berechnet;

für $0 < n^* < 1$ gilt $\left(1 + n^* \frac{p}{100}\right) > \left(1 + \frac{p}{100}\right)^{n^*}$.

Beispiel: K_0 = 10.000,- DM, p = 5 .

n^*	einfache Zinsen $K_0\left(1 + n^* \frac{p}{100}\right) - K_0$	zinseszinsliche Zinsen $K_0\left(1 + \frac{p}{100}\right)^{n^*} - K_0$
0,25	125,-- DM	122,72 DM
0,5	250,-- DM	246,95 DM
0,75	375,-- DM	372,70 DM
1,0	500,-- DM	500,00 DM
1,5	750,-- DM	759,30 DM
2,0	1.000,-- DM	1.025,00 DM

III. Übungsaufgaben

1. Das Bruttoinlandsprodukt (in Preisen von 1980) der Bundesrepublik betrug 1970 1134 Mrd. DM und 1980 1485,2 Mrd. DM. Berechnen Sie die durchschnittliche Wachstumsrate pro Jahr.

2. Jemand legt 20.000 DM zu 6% zinseszinslich an. Auf welche Summe wächst das Kapital in 5 Jahren bei

   a) jährlicher   b) halbjährlicher   c) monatlicher   d) täglicher

   e) stetiger Verzinsung an?

3. Die Weltbevölkerung verdoppelte sich während der letzten 35 Jahre. Berechnen Sie die durchschnittliche jährliche Wachstumsrate bei stetiger Betrachtung.

4. Welches Kapital wächst nach 5 Jahren und 6 Monaten bei gemischter Verzinsung und 6% Zins auf 10.000 DM an?

5. Eine Aktienanlage, die nach zwei Jahren verkauft wurde, hatte im ersten Jahr eine Kurssteigerung von 50% und im 2. Jahr einen Kursrückgang von 20%. Dividenden wurden keine ausgeschüttet. Wie hoch war die reale Effektivverzinsung des eingesetzten Kapitals, falls eine jährliche Inflationsrate von 3% sowie 1,5% Spesen jeweils von der Kauf- und der Verkaufssumme unterstellt werden?

6. Das nominale Bruttoinlandsprodukt der Bundesrepublik ist zwischen 1980 und 1985 von 1478,9 Mrd. DM auf 1830,5 Mrd. DM gestiegen. Berechnen Sie die durchschnittliche reale Wachstumsrate pro Jahr bei einer jährlichen Inflationsrate von 3,1%.

7. Eine Kapitalanlage hat sich in 10 Jahren verdoppelt. In der ersten Hälfte der Laufzeit betrug der Zinssatz 4%. Wie hoch war er in der zweiten Hälfte?

8. Eine Bevölkerung wuchs 5 Jahre lang 2,5% jährlich, 10 Jahre lang 1,5% jährlich und 20 Jahre lang 1% jährlich. Wie hoch war die durchschnittliche Wachstumsrate bei stetiger Betrachtung?

9. Ein Schuldner hat 10.000 DM sofort, 10.000 DM nach drei Jahren und 10.000 DM nach 7 Jahren zu zahlen.

   a) Es wird neu vereinbart, die Gesamtschuld in sechs Jahren zu begleichen. Wie hoch ist diese bei einem Zinssatz von 8%?

   b) Wann ist die Gesamtsumme von 30.000 DM bei einem Zinssatz von 8% fällig?

10. Die Bevölkerungszahl eines Industrielandes, die jährlich um 0,5% abnimmt, ist doppelt so hoch wie die eines Entwicklungslandes, die jährlich um 3% zunimmt. In wieviel Jahren wird die Bevölkerungszahl des Entwicklungslandes doppelt so hoch wie die des Industrielandes sein?

11. Das Prokopfeinkommen im Land A ist z. Zt. dreimal so hoch wie im Land B. Das Bruttosozialprodukt wächst in A jährlich um 2%, in B jährlich um 5%. Das Bevölkerungswachstum beträgt in B 1% pro Jahr, während in A kein Bevölkerungswachstum vorhanden ist. In wieviel Jahren ist das Prokopfeinkommen in B doppelt so hoch wie in A bei stetiger Betrachtung der Wachstumsraten?
(*Hinweis:* Prokopfeinkommen = Bruttosozialprodukt/Bevölkerungszahl).

12. Die Effektivverzinsung einer Anlage, die vierteljährlich verzinst wird, ist 6,14%. Wie hoch ist der Jahreszinsfuß?

13. Jemand zahlt auf sein Sparkonto am 2. Juli 1979 1.000 DM ein. Wie hoch ist der Kontostand am 2. April 1988 bei 3% Zins, falls das Konto zu diesem Zeitpunkt abgerechnet wird? (Zinsasr. am Ende eines Jahres)

14. Welcher Betrag muß zu 6% bei
    a) halbjährlicher
    b) stetiger
    Verzinsung angelegt werden, damit daraus nach 10 Jahren 10.000 DM werden?

15. Eine Kapitalanlage hat sich nach 10 Jahren verdoppelt. In der ersten Hälfte der Laufzeit war der Zinssatz halb so hoch wie in der zweiten Hälfte. Wie hoch waren die Zinssätze?

16. Ein Kapital verzinse sich im ersten Jahr mit 4%, danach nimmt der Zinsfuß jährlich um 0,1 Prozentpunkte ab. Nach wieviel Jahren verdoppelt sich das Kapital?
(*Hinweis:* $\ln\left(1 + \frac{p}{100}\right) \approx \frac{p}{100}$).

17. Veränderung des Preisindexes für die Lebenshaltung gegenüber dem Vorjahr:
    1985 : 2,2%   1986 : -0,2%   1987 : 0,2%   1988 : 1,2% .
    Berechnen Sie die durchschnittliche Veränderung des Preisindexes.

18. Zwischen 1970 und 1980 stiegen die Preise im Durchschnitt jährlich um 5%, zwischen 1980 und 1985 stiegen sie um 4%. Berechnen Sie den durchschnittlichen jährlichen Preisanstieg zwischen 1970 und 1985.

19. Eine Nullkupon-Anleihe wird in 5 Jahren zu 1.000 DM zurückgezahlt. Berechnen Sie den Kurswert der Anleihe in zwei Jahren bei einer Verzinsung von 7%.

20. Das Bruttosozialprodukt in der Bundesrepublik beträgt 1988 etwa 2,1 Billionen DM. Auf welchen Nominalwert wird es im Jahr 2000 gestiegen sein, falls eine reale Zuwachsrate von 3% und eine Inflationsrate von 4% jährlich unterstellt werden.

21. Ein Spekulant kauft ein Grundstück für 200.000 DM. Nach vier Jahren verkauft er es mit einem Gewinn von 75%. Wie hoch ist die Effektivverzinsung?

22. Ein Kapital verdoppelt sich in 10 Jahren bei monatlicher Verzinsung. Wie hoch ist der Jahreszinsfuß?

23. In wieviel Jahren verfünffacht sich ein Kapital zu 6% Zinseszins bei
    a) jährlicher   b) halbjährlicher   c) monatlicher   d) stetiger
    Verzinsung?

24. Das Land A hat 20 Mio. Einwohner bei einer (stetigen) Wachstumsrate von 3% jährlich. Das Land B mit 60 Mio. Einwohnern wächst mit einer jährlichen (stetigen) Wachstumsrate von 1%.
    a) In wieviel Jahren wird die Bevölkerung von A größer als die von B sein?
    b) Mit welcher Wachstumsrate müßte die Bevölkerung von A wachsen, um das Land B bevölkerungsmäßig in 25 Jahren einzuholen?

25. In welcher Zeit ver-x-facht sich ein Kapital K_0 zu p%
    a) bei m Zinszahlungen pro Jahr?
    b) bei stetiger Verzinsung?

26. Ein Kapital über 5.000 DM wurde zu 8% für fünf Jahre angelegt. Die jährliche Inflationsrate betrug in den ersten drei Jahren 4%, dann 6%. Wie hoch war die reale Verzinsung?

27. Ein Waldbestand hat einen Tageswert von 1 Mio. DM. Aufgrund von Abholzung und Umweltschäden nimmt der mengenmäßige Bestand jährlich um 10% (stetig) ab; der Preis des Holzes steigt halbjährlich um 4%.
    a) Welchen Tageswert hat der Wald in 10 Jahren?
    b) Nach wieviel Jahren hat sich der Wert des Waldes halbiert?

28. Vergleich zweier Nullkupon-Anleihen:

	Kurswert	Laufzeit	Rückzahlung
A	660 DM	5 Jahre	1.000 DM
B	1450 DM	4 Jahre	2.000 DM

Bei welcher Anleihe ist die Verzinsung höher?

29. Jemand zahlt am 27.12.1989 3.000 DM auf sein Sparkonto ein. Am 01.05.1991 werden weitere 2.000 DM einbezahlt. Wie hoch ist der Kontostand am 18.12.1993 bei einem Zinsfuß von 3%, falls das Konto zu diesem Zeitpunkt abgerechnet wird?

30. Nach wievielen Jahren, Monaten und Tagen verdoppelt sich ein Kapital, welches zu Beginn eines Jahres angelegt wurde, bei gemischter Verzinsung zu 7%?

31. Ein Kredit über 20.000 DM wird zu 10% Jahreszinsen bei halbjährlicher Verzinsung gewährt. Nach fünf Jahren sollen die Schuld sowie die angefallenen Zinsen zurückbezahlt werden. Für jedes Jahr muß eine Verwaltungsgebühr von 0,5% der Kreditsumme bezahlt werden. Die Verwaltungsgebühren werden am Ende der Laufzeit in einem Betrage eingezogen. Außerdem wird ein Damnum von 3% erhoben. Wie hoch ist die Effektivverzinsung des Kredits?

32. Jemand legt 20.000 DM zinseszinslich 10 Jahre lang an. Für die ersten sechs Jahre werden 6% Zinsen gewährt. Danach steigt der Zinssatz jährlich um einen Prozentpunkt.

    a) Wie hoch ist das Guthaben am Ende der Laufzeit?
    b) Wie hoch ist die durchschnittliche Verzinsung?

33. Zwischen 1950 und 1985 hat sich der Schadstoffgehalt eines Sees vertausendfacht. In den darauffolgenden fünf Jahren ist er um 14% zurückgegangen. Um wieviel Prozent ist der Schadstoffgehalt zwischen 1950 und 1990 angestiegen?

C. RENTENRECHNUNG

I. Testaufgaben

1. Jemand zahlt am Ende eines jeden Jahres 1.000 DM auf sein Sparkonto ein, welches zu 3% verzinst wird. Wie hoch ist der gesparte Betrag einschließlich Zinseszins am Ende des 10. Jahres?

    Lösung: 11.463,88 DM → C 2.1.a

2. Als Kaufpreis für ein Haus hat der Erwerber 5 Raten von je 100.000 DM zu leisten. Die erste Rate muß sofort bezahlt werden, die übrigen in jährlichen Abständen. Mit welchem Betrag könnte bei 5% Zins die ganze Schuld sofort beglichen werden?

    Lösung: 454.595 DM → C 2.2.b

3. Der gerade vierzigjährige Fachhochschullehrer F. möchte zu seinem 60. Geburtstag 200.000 DM angespart haben. Wie hoch sind die jährlichen Sparleistungen bei nachschüssiger Zahlung, wenn ein Zinssatz von 5% unterstellt wird?

    Lösung: 6.048,52 DM → C 2.1.d

4. Eine fällige Lebensversicherung über 100.000 DM soll nicht sofort, sondern als nachschüssige Jahresrente ausbezahlt werden. Mit welcher Rente kann bei einer Laufzeit von 10 Jahren und einem Zinssatz von 6% gerechnet werden?

    Lösung: 13.586,80 DM → C 2.1.d

5. Ein Lottospieler hat 500.000 DM gewonnen. Er legt sein Geld zu 6% an. Wie lange kann er von seinem Gewinn leben, wenn er jeweils am Ende eines Jahres 50.000 DM abhebt?

    Lösung: 15,7 Jahre → C 2.1.c, e

6. Ein Sparer legt jeweils zu Beginn eines Jahres 10 Jahre lang 1.000 DM an, wobei das Sparkapital zu 3% verzinst wird. Nach Ablauf der Sparzeit erhält er noch eine Sparprämie von 14% auf die von ihm eingezahlte Summe (= 1.400 DM). Wie hoch ist die effektive Verzinsung dieser Anlage?

    Lösung: 5% → C 2.2.f

7. Welches Kapital muß bereitgestellt werden, wenn daraus zu jedem Quartalsbeginn eine Spende von 1.000 DM 5 Jahre lang überwiesen werden soll? Die vierteljährliche Verzinsung betrage 1%.

    Lösung: 18.226 DM → C 2.2.c, 3.3.d

8. Ein Sparer spart monatlich 100 DM. Die Einzahlungen erfolgen jeweils am Ende eines Monats. Die monatliche Verzinsung betrage 0,5%. Wie hoch ist sein Guthaben nach 10 Jahren?

    Lösung: 16.387,93 DM → C 2.1.a, 3.3.d

9. Jemand legt am 01.01.1988 100.000 DM zu 5% Zinseszins an. Beginnend mit dem 31.12.1988 werden dann jeweils am Jahresende 10.000 DM abgehoben. Wie hoch ist das Restkapital am 31.12.1999 nach der letzten Abhebung?

    Lösung: 20.414,36 DM → C 2.3.1

10. Jemand hat eine Rentenzusage auf monatlich 1.000 DM nachschüssig für 10 Jahre. Wie groß ist der Rentenendwert bei 6% Zinseszins?

    Lösung: 162.519,20 DM → C 3.1

11. In einer Pensionszusage wird eine Rente über 5.000 DM zu Beginn eines Quartals 10 Jahre lang bezahlt. Welchen Betrag muß die Firma bei einem Jahreszinssatz von 5% am Anfang der Rentenzahlungen für die Pensionsrückstellung (Barwert) einsetzen?

    Lösung: 159.260,78 DM → C 3.2

12. Jemand zahlt jeweils zum 1. eines Monats 100 DM auf ein Anlagekonto ein, welches vierteljährlich mit 2% verzinst wird. Über welchen Betrag verfügt der Sparer nach 5 Jahren?

    Lösung: 7.386,40 DM → C 3.3

13. Eine Unternehmung erzielt einen durchschnittlichen Jahresgewinn von 100.000 DM. Wie groß ist der sogenannte Ertragswert (Barwert des Gewinnes), wenn eine unendliche Lebensdauer und ein Kalkulationszinsfuß von 8% angenommen werden?

    Lösung: 1.250 000 DM → C 4

14. Ein Rentner hat sein Haus für 300.000 DM verkauft und das Geld zu 7% Jahreszins angelegt. Am Ende des 1. Jahres hebt er 25.000 DM ab, rechnet aber damit, daß er wegen der Teuerung den Betrag jährlich um 5% erhöhen muß. Wie lange kann er vom Erlös seines Hauses leben?

    Lösung: 14,54 Jahre → C 5, 2.1.c

15. Ein Vater legt bei der Geburt seines Sohnes ein Sparbuch an und zahlt zu Beginn eines jeden Monats 50 DM ein über einen Zeitraum von 20 Jahren. Der Jahreszins beträgt 5%. Wie lange kann sein Sohn von dem gesparten Geld studieren, wenn er jeden Monat 600 DM (vorschüssig) abhebt?

    Lösung: 3 Jahre → C 3.4

16. Wie groß ist bei 4% Zinseszins der Barwert einer nachschüssigen Rente, die bei achtjähriger Dauer mit 3.000 DM beginnt und jährlich um 4% steigt?

   Lösung: 23.076,92 DM → C 5

17. Eine Kreditvermittlung bietet einen Kleinkredit über 1.000 DM an, der in 48 Monatsraten (nachschüssig) zu je 24,50 DM zurückzuzahlen ist. Wie hoch ist die effektive Jahresverzinsung, wenn zusätzlich eine Bearbeitungsgebühr von 67,50 DM, die bei der Kreditauszahlung anfällt, erhoben wird? Es wird jährliche Verzinsung unterstellt.

   Lösung: 12,62% → C 3.3, C 6

18. Jemand erhält nach Ablauf von genau drei Jahren fünfmal eine jährliche Rente von 20.000 DM. Wie hoch ist der Rentenbarwert bei einem Zinssatz von 6%?

   Lösung: 74.979,78 DM → C 2.3.2

19. Ein Kredit über 5.000 DM soll in 47 nachschüssigen Monatsraten zu je 136 DM getilgt werden. Wie hoch ist der effektive Zinssatz bei jährlicher Verzinsung?

   Lösung: 13,74% → C 6

20. Ein Sparer möchte in 30 Monaten ein Kapital von 10.000 DM ansparen. Wie hoch muß die Sparrate zu jedem Monatsanfang bei einer jährlichen Verzinsung von 6% sein?

   Lösung: 308,70 DM → C 6

II. Lehrtext

1. Grundbegriffe

Eine in gleichen Zeitabständen regelmäßig wiederkehrende Zahlung heißt *Rente*. Unter Rente versteht man sowohl die Gesamtheit aller Zahlungen als auch die einzelne Zahlung selbst, welche auch *Rentenrate* oder kurz *Rate* genannt wird. Man bezeichnet nicht nur regelmäßige Auszahlungen, sondern auch regelmäßige Einzahlungen in der Finanzmathematik als Renten.

Beispiele für Renten sind Versicherungsbeiträge, Mieten, Löhne und Gehälter, Altersrenten, Einzahlungen auf ein Sparkonto oder die Rückzahlungen für einen Kredit.

Bezüglich des Zahlungstermins werden zwei Arten von Renten unterschieden:
(1) Erfolgen die Zahlungen am Anfang einer Periode, so spricht man von *vorschüssigen* oder pränumerando-Renten.
(2) Erfolgen die Zahlungen am Ende einer Periode, so spricht man von *nachschüssigen* oder postnumerando-Renten.

Es ist allgemein üblich, das jeweils gebundene Kapital jährlich mit Zinseszinsen zu verzinsen, wobei Abweichungen von der jährlichen Verzinsung möglich sind. Zins- und Zahlungsperioden müssen nicht übereinstimmen (z.B. monatliche Raten bei jährlicher Verzinsung). Ist die Zahlungsperiode kürzer als der Zinszeitraum, dann liegt eine *unterjährliche* Rate vor.

Typische Rentenprobleme

1. Frage nach dem Rentenendwert:

Welches Kapital sammelt sich in wieviel Jahren bei einer festen periodischen Zahlung an, wenn das jeweils einliegende Geld mit p% jährlich verzinst wird?

Beispiel: Ein Bausparer verpflichtet sich, monatlich 100 DM auf sein Bausparkonto einzuzahlen. Auf welchen Betrag (= Rentenendwert) ist die Sparsumme nach 10 Jahren bei 3%iger Verzinsung angewachsen?

Der Rentenendwert ist das angesammelte Endkapital am Ende der Laufzeit einer Rente.

2. Frage nach dem Rentenbarwert:

Wie hoch muß das einliegende Kapital bei jährlicher Verzinsung von p% sein, wenn hieraus periodische Auszahlungen über soundso viele Jahre erfolgen sollen?

Beispiel: Welches Kapital (= Rentenbarwert) muß zur Verfügung stehen, damit daraus 10 Jahre lang eine jährliche Rente von 10.000 DM nachschüssig bei 5% Verzinsung bezahlt werden kann?

Der Rentenbarwert ist das Kapital, das eine Rente, deren Zins, Auszahlung, Laufzeit und Zahlungsperioden festliegen, (bar) wert ist, so daß man sie durch eine einmalige Zahlung ablösen kann.

Beispiel: Hauskauf auf Rentenbasis

Es wird vereinbart, dem Verkäufer oder seinem Erben 20 Jahre lang 2.000 DM monatlich als Rente zu bezahlen. Der zu erwartende durchschnittliche Zins während der 20 Jahre betrage 6%. Der Rentenbarwert ist dann der Geldbetrag, der, auf einem Konto mit 6%iger Verzinsung deponiert, die Rente voll finanziert.

Folgende Symbole werden im Zusammenhang mit der Rentenrechnung verwandt:

Übersicht: Wichtige Begriffe der Rentenrechnung

r	:	Rentenrate, Rate (unterjährliche oder jährliche Ein- und Auszahlungen)
R_n	:	Rentenendwert
R_0	:	Rentenbarwert
p	:	Zinsfuß
$q = 1 + \frac{p}{100}$	:	Zinsfaktor
n	:	Laufzeit

Merke: "Rente" ≙ eine wiederkehrende Zahlung

2. Jährliche Renten- (Raten-) Zahlungen

2.1 Nachschüssige Zahlungen

Folgende Fragestellungen werden behandelt:

a) Rentenendwert R_n
b) Rentenbarwert R_0
c) Verrentung: $R_0 q^n - R_n = 0$
d) Rentenrate r
e) Laufzeit n
f) Zinsfuß p

Sie werden alle mit den Zahlenwerten des folgenden Beispiels diskutiert.

Beispiel: Am Ende eines Jahres werden $r=100$,-DM eingezahlt (jährliche nachschüssige Zahlung). Das einliegende Kapital wird mit 7% (p=7) verzinst. Die Laufzeit beträgt $n=5$ Jahre.

a) Wieviel beträgt das angesammelte Kapital am Ende der Laufzeit?

→ Rentenendwert R_n?

Jahr n	Rate r	Kapital am Ende des Jahres n → R_n	
0			
1. Jahr	$r = 100,- DM$ →	$R_1 = r$	$= 100,00$ DM
1			
2. Jahr	$r = 100,- DM$ →	$R_2 = r + \left[r + r\frac{p}{100}\right] = r + rq^1$	$= 207,00$ DM
2			
3. Jahr	$r = 100,- DM$ →	$R_3 = r + \left[r + rq^1\right] \cdot q^1 = r + rq + rq^2$	$= 321,49$ DM
3			
4. Jahr	$r = 100,- DM$ →	$R_4 = r + \left[r + rq + rq^2\right]q = r + rq + rq^2 + rq^3$	$= 443,99$ DM
4			
5. Jahr	$r = 100,- DM$ →	$R_5 = r + rq + rq^2 + rq^3 + rq^4 = r(1+q+q^2+q^3+q^4) =$	
		$= r\frac{1-q^5}{1-q} = r\frac{q^5-1}{q-1}$	$= 575,07$ DM
5			
n-tes Jahr	$r = 100,- DM$ →	$\boxed{R_n = r\frac{1-q^n}{1-q} = r\frac{q^n-1}{q-1}}$	nachschüssige Rentenendwertformel
n			

b) Wie groß ist der Rentenbarwert der obigen Rentenzahlung?

→ Rentenbarwert R_0?

Der Rentenbarwert von 5 nachschüssigen Rentenzahlungen ist der Betrag, der einmalig zu Beginn der Laufzeit angelegt nach 5 Jahren den gleichen Endbetrag R_5 ergibt wie die 5 Rentenzahlungen.
Es gilt also:

$$R_0 \cdot q^5 = R_5 = r \cdot \frac{q^5-1}{q-1}$$

bzw.

$$R_0 = \frac{R_5}{q^5} = \frac{r}{q} + \frac{r}{q^2} + \frac{r}{q^3} + \frac{r}{q^4} + \frac{r}{q^5} = \frac{575,07 \text{ DM}}{1,075} = 410,02 \text{ DM}.$$

Allgemein: $\boxed{R_0 = \frac{R_n}{q^n} = \frac{r}{q^n} \cdot \frac{q^n-1}{q-1}}$ nachschüssige Rentenbarwertformel

c) Welches Kapital K_0 muß eingelegt werden, damit 5 Jahre lang nachschüssig die Rate r=100,-DM ausgezahlt werden kann (p=7)?

→ Verrentungsproblem, Rentenbarwert R_0?

Jahr n	Auszah-lung	Kapital am Ende des Jahres n	
0	0	$K_0 = R_0$	$= 410,02$ DM
1. Jahr	r	$K_1 = R_0 \, q - r$	$= 410,02$ DM $\cdot 1,07 - 100,$-DM $= 338,70$ DM
1			
2. Jahr	r	$K_2 = [R_0 \, q - r] \, q - r =$ $= R_0 \, q^2 - rq - r$	$= 338,70$ DM $\cdot 1,07 - 100,$-DM $= 262,41$ DM
2			
3. Jahr	r	$K_3 = R_0 \, q^3 - rq^2 - rq - r$	$= 262,41$ DM $\cdot 1,07 - 100,$-DM $= 180,78$ DM
3			
4. Jahr	r	$K_4 = R_0 \, q^4 - rq^3 - rq^2 - rq - r$	$= 180,78$ DM $\cdot 1,07 - 100,$-DM $= 93,43$ DM
4			
5. Jahr	r	$K_5 = R_0 \, q^5 - rq^4 - rq^3 - rq^2 - rq - r =$	$93,43$ DM $\cdot 1,07 - 100,$-DM $= 0$ DM
5			
n-tes Jahr	r	$K_n = 0 = R_0 \, q^n - r \dfrac{q^n - 1}{q - 1} = R_0 \, q^n - R_n$	$= 0$ DM
n			

dα) Welche Rate muß jährlich nachschüssig bei 7% 5 Jahre lang eingezahlt werden, um am Ende 575,07 DM zu erhalten?

→ Rentenrate r bei R_n?

$$R_n = r \cdot \frac{q^n - 1}{q - 1} = 575,07 \text{ DM}$$

$$\boxed{r = R_n \frac{q - 1}{q^n - 1}} = 575,07 \text{ DM} \cdot \frac{0,07}{(1,07^5 - 1)} = 100,\text{--} \text{ DM}.$$

dβ) Welche Rate kann jährlich nachschüssig bei 7% 5 Jahre lang ausbezahlt werden, wenn ein Kapital von 410,02 DM zur Verfügung steht?

→ Rentenrate r bei R_0?

$$R_0 = \frac{r}{q^n} \cdot \frac{q^n - 1}{q - 1} = 410,02 \text{ DM}$$

$$\boxed{r = R_0 \cdot q^n \frac{q - 1}{q^n - 1}} = 410,02 \text{ DM} \cdot 1,07^5 \cdot \frac{0,07}{(1,07^5 - 1)} = 100,\text{--} \text{ DM}.$$

e) Wie lange (wie oft) wird bei einer Verzinsung von 7% jährlich nachschüssig DM 100,-

α) angespart, um DM 575,07 zu erhalten;

β) ausgezahlt, wenn DM 410,02 zur Verfügung stehen? → Laufzeit n?

$$R_n = R_0 \, q^n = r \cdot \frac{q^n-1}{q-1} = 575{,}07 \text{ DM}$$
$$= 410{,}02 \text{ DM} \cdot 1{,}07^n = 100 \cdot \frac{1{,}07^n-1}{0{,}07}$$

zu α):

$q^n - 1 = \frac{R_n}{r}(q-1)$ $\qquad = \frac{575{,}05 \text{ DM}}{100{,}00 \text{ DM}} \cdot 0{,}07 = 0{,}4025$

$q^n = \frac{R_n}{r}(q-1) + 1$ $\qquad = 1{,}4025$

$lg \, q^n = n \cdot lg \, q = lg\left[\frac{R_n}{r}(q-1) + 1\right] = lg \, 1{,}4025$

$$\boxed{n = \frac{lg\left[\frac{R_n}{r}(q-1) + 1\right]}{lg \, q}} \qquad = \frac{lg \, 1{,}4025}{lg \, 1{,}07} = \frac{0{,}1469}{0{,}0294} \approx 5$$

$\left[\text{Logarithmierung ist auch mit anderer Basis möglich: } n = \frac{ln \, 1{,}4025}{ln \, 1{,}07} \approx 5\right].$

zu β):

$\dfrac{q^n-1}{q^n} = \dfrac{R_0}{r}(q-1)$ $\qquad = \dfrac{410{,}02 \text{ DM}}{100{,}00 \text{ DM}} \cdot 0{,}07 = 0{,}2870$

$1 - \dfrac{1}{q^n} = \dfrac{R_0}{r}(q-1)$

$\dfrac{1}{q^n} = 1 - \dfrac{R_0}{r}(q-1)$ $\qquad = 0{,}7130$

$q^n = \dfrac{1}{1 - \dfrac{R_o}{r}(q-1)}$ $\qquad = 1{,}4025$

$n \, lg \, q = lg \left\{\dfrac{1}{1 - \dfrac{R_o}{r}(q-1)}\right\} = lg \, 1{,}4025$

$$\boxed{n = \frac{lg\left[\dfrac{1}{1 - \dfrac{R_o}{r}(q-1)}\right]}{lg \, q}} \qquad = \frac{lg \, 1{,}4025}{lg \, 1{,}07} \approx 5$$

f) Wie groß ist der Zinsfuß, wenn 5 Jahre lang eine Rate (Rente) von DM 100,-- jährlich nachschüssig

α) angespart DM 575,07 ergeben;

β) von einem Kapital von DM 410,02 ausgezahlt werden kann?

→ Zinsfuß p bzw. $q = 1 + \frac{p}{100}$?

zu α):

$$R_n = r \frac{q^n-1}{q-1} = 575{,}07 \text{ DM}$$

$$\frac{q^n-1}{q-1} = \frac{R_n}{r} = 5{,}7507$$

Ein einfaches Auflösen nach q ist mit dieser Gleichung nicht mehr möglich. Man kann spezielle Lösungsverfahren, die in der Fachliteratur beschrieben sind, zwar anwenden, aber man erhält durch Probieren, d.h. Einsetzen geeigneter Werte in die obige Gleichung - mit dem Taschenrechner - rasch praktikable Lösungsnäherungen.

Der Ausdruck $\frac{q^n-1}{q-1} = 1+q+q^2+\ldots+q^{n-1}$ wächst vom Wert 1 bei q=0 mit steigendem q monoton an (Summe von positiven Potenzfunktionen); somit gibt es nur einen (positiven) Lösungswert q, der diesen Ausdruck gleich R_n/r macht.

Als Startwert für das Probieren wählt man einen auf dem Kapitalmarkt üblichen Zinsfuß, z.B. p=10 (q=1,1) oder p=5 (q=1,05) und setzt diese Werte in die Gleichung

$$F(q) = \frac{q^n-1}{q-1} - \frac{R_n}{r}$$

ein:

$$F(1{,}1) = \frac{1{,}1^5-1}{0{,}1} - 5{,}7507 = 0{,}354 > 0$$

$$F(1{,}05) = \frac{1{,}05^5-1}{0{,}05} - 5{,}7507 = -0{,}225 < 0$$

Somit hat man den Lösungswert bereits eingegrenzt. Bei negativem F(q) hat man q zu klein, bei positivem Wert zu groß angesetzt.

Aus Gründen der Zweckmäßigkeit sollte man sich eine kleine Wertetabelle anlegen.

Wertetabelle

p	q	F(q)	Bemerkung
10	1,1	0,354	zu groß
5	1,05	-0,225	zu klein
7,5	1,075	0,0577	noch zu groß
6,75	1,0675	-0,0286	noch zu klein
7,25	1,0725	0,0288	noch zu groß
7,0	1,07	$3{,}900 \cdot 10^{-5}$	"Näherung", Lösung

zu β):

$$R_n = R_0 q^n = r \frac{q^n-1}{q-1} = 410{,}02 \text{ DM} \cdot q^5$$

$$\frac{1}{q^n} \frac{q^n-1}{q-1} = \frac{R_0}{r} = 4{,}1002$$

Auch hier ist das Probieren ein rascher Weg zur Lösung. Der Ausdruck

$$\frac{1}{q^n} \frac{q^n-1}{q-1} = \frac{1}{q^n}(1 + q + \ldots + q^{n-1}) = \frac{1}{q^n} + \frac{1}{q^{n-1}} + \ldots + \frac{1}{q}$$

fällt für q>0 (Unendlichkeitsstelle bei q=0) mit wachsendem q monoton, so daß es wiederum nur eine Lösung gibt:

$$F(q) = \frac{1}{q^n}\frac{q^n-1}{q-1} - \frac{R_0}{r} = \frac{1}{q^5}\frac{q^5-1}{q-1} - 4{,}1002 \, .$$

In diesem Falle bedeutet wegen der fallenden Monotonie des ersten Ausdruckes F(q)<0, daß der q-Wert größer, und F(q)>0, daß er kleiner als die Lösung ist.

Wertetabelle

p	q	F(q)	Bemerkung
10	1,1	-0,3094	zu groß
5	1,05	0,2292	zu klein
7,5	1,075	-0,0543	noch zu groß
7,0	1,07	$-2{,}56 \cdot 10^{-6}$	Lösung

Merke: Es ist nicht sehr sinnvoll, sich für alle diese Fragestellungen die entsprechende Formel zu merken - abgesehen von der Gefahr, eine falsche herauszugreifen. Von der Grundformel $R_n = r \frac{q^n-1}{q-1}$ lassen sich alle Fälle leicht ableiten. Mathematisch Ungeübten ist anzuraten, frühzeitig Werte einzusetzen, um die mathematischen Ausdrücke zu vereinfachen.

2.2 Vorschüssige Zahlungen

Man kann die Fragestellungen des Beispiels im vorigen Abschnitt übernehmen, wenn man überall den Begriff "nachschüssig" durch "vorschüssig" ersetzt, da die Zahlungen zu Beginn des Zinszeitraumes von einem Jahr vorgenommen werden.

Folgende Fragestellungen werden behandelt:

a) Rentenendwert R_n
b) Rentenbarwert R_0
c) Verrentung: $R_0 q^n - R_n = 0$
d) Rentenrate r
e) Laufzeit n
f) Zinsfuß p

Beispiel: Zu Beginn eines Jahres werden r=100,-DM eingezahlt (= jährliche vorschüssige Zahlung). Das einliegende Kapital wird mit 7% (p=7) verzinst. Die Laufzeit beträgt n=5 Jahre.

a) Wieviel beträgt das angesammelte Kapital am Ende der Laufzeit?
→ Rentenendwert R_n ?

Jahr n	Rate r	Kapital am Ende des Jahres n R_n	
0			
1. Jahr	r = 100,- DM	$R_1 = r + r\frac{p}{100} = r\left(1 + \frac{p}{100}\right) = r \cdot q^1$	= 107,00 DM
1			
2. Jahr	r = 100,- DM	$R_2 = r \cdot q^1 + R_1 q = rq + rq^2$	= 221,49 DM
2			
3. Jahr	r = 100,- DM	$R_3 = rq + R_2 q = rq + rq^2 + rq^3$	= 343,99 DM
3			
4. Jahr	r = 100,- DM	$R_4 = rq + R_3 q = rq + rq^2 + rq^3 + rq^4$	= 475,07 DM
4			
5. Jahr	r = 100,- DM	$R_5 = rq + rq^2 + rq^3 + rq^4 + rq^5 =$ $= rq\left(1+q+q^2+q^3+q^4\right) = rq\frac{q^5-1}{q-1}$	= 615,33 DM
5			
n-1			
n-tes Jahr	r = 100,- DM	$R_n = rq\dfrac{q^n-1}{q-1}$	vorschüssige Rentenendwertformel
n			

b) Wie groß ist der Rentenbarwert der obigen Rentenzahlung?
→ Rentenbarwert R_0 ?

Der Rentenbarwert von 5 vorschüssigen Rentenzahlungen ist der Betrag, der, einmalig zu Beginn der Laufzeit angelegt, nach 5 Jahren den gleichen Endbetrag R_5 ergibt wie die 5 Rentenzahlungen. Es gilt also:

$$R_0 \cdot q^5 = R_5 = r \cdot q \frac{q^5-1}{q-1}$$

bzw.

$$R_0 = \frac{R_5}{q^5} = \frac{615{,}33 \text{ DM}}{1{,}07^5} = 438{,}72 \text{ DM}.$$

Allgemein:
$$R_0 = \frac{R_n}{q^n} = \frac{r}{q^{n-1}} \cdot \frac{q^n-1}{q-1}$$

vorschüssige Rentenbarwertformel

c) Welches Kapital K_0 muß eingelegt werden, damit 5 Jahre lang vorschüssig die Rate r=100,-DM ausgezahlt werden kann (p=7)?

→ Verrentungsproblem, Rentenbarwert R_0 ?

Jahr n	Auszahlung r	Kapital am Ende des Jahres n K_n	
0		$K_0 = R_0$	= 438,72 DM
1. Jahr 1	r = 100,- DM	$K_1 = (R_0-r)q = R_0 q - rq$	= 362,43 DM
2. Jahr 2	r = 100,- DM	$K_2 = (K_1-r)q = R_0 q^2 - rq^2 - rq$	= 280,80 DM
3. Jahr 3	r = 100,- DM	$K_3 = (K_2-r)q = R_0 q^3 - rq^3 - rq^2 - rq$	= 193,46 DM
4. Jahr 4	r = 100,- DM	$K_4 = (K_3-r)q = R_0 q^4 - rq^4 - rq^3 - rq^2 - rq$	= 100,00 DM
5. Jahr 5	r = 100,- DM	$K_5 = (K_4-r)q = R_0 q^5 - rq^5 - rq^4 - rq^3 - rq^2 - rq =$ $= R_0 q^5 - rq(1+q+q^2+q^3+q^4) =$ $= R_0 q^5 - rq\frac{q^5-1}{q-1} = R_0 q^5 - R_5 =$	0,00 DM
n-1			
n-tes Jahr n	r = 100,- DM	$K_n = R_0 q^n - R_n = R_0 q^n - rq\frac{q^n-1}{q-1}$	= 0 DM

dα) Welche Rate muß jährlich vorschüssig bei 7% 5 Jahre lang eingezahlt werden, um am Ende 615,33 DM zu erhalten?

→ Rentenrate r bei R_n ?

$$R_n = r \cdot q \, \frac{q^n-1}{q-1} = 615{,}33 \text{ DM}$$

$$\boxed{r = \frac{R_n}{q} \cdot \frac{q-1}{q^n-1}} = \frac{615{,}33 \text{ DM}}{1{,}07} \cdot \frac{0{,}07}{1{,}07^5-1} = 100{,}\text{- DM} \,.$$

dβ) Welche Rate kann jährlich vorschüssig bei 7% 5 Jahre lang ausbezahlt werden, wenn ein Kapital von 438,72 DM zur Verfügung steht?

→ Rentenrate r bei R_0 ?

$$R_0 = \frac{r}{q^{n-1}} \cdot \frac{q^n-1}{q-1} = 438{,}72 \text{ DM}$$

$$\boxed{r = R_0 \cdot q^{n-1} \cdot \frac{q-1}{q^n-1}} = 438{,}72 \text{ DM} \cdot 1{,}07^4 \, \frac{0{,}07}{(1{,}07^5-1)} = 100{,}\text{- DM} \,.$$

e) Wie lange (wie oft) wird bei einer Verzinsung von 7% jährlich vorschüssig DM 100,--

α) angespart, um DM 615,33 zu erhalten;

β) ausgezahlt, wenn DM 438,72 zur Verfügung stehen?   → Laufzeit n

zu α):

$$q^n-1 = \frac{R_n}{r \cdot q}(q-1) = \frac{615{,}33 \text{ DM}}{100{,}\text{-DM} \cdot 1{,}07} \cdot 0{,}07 = 0{,}4025.$$

Die Auflösung nach n ergibt:

$$\boxed{n = \frac{lg\left[\frac{R_n}{r \cdot q}(q-1)+1\right]}{lg\, q}} = \frac{lg\, 1{,}4025}{lg\, 1{,}07} \approx 5 \,.$$

zu β):

$$\frac{q^n-1}{q^n} = \frac{R_0}{r \cdot q}(q-1) = \frac{438{,}72 \text{ DM}}{100{,}\text{-- DM}} \cdot \frac{0{,}07}{1{,}07} = 0{,}2870 \,.$$

Die Auflösung nach n ergibt:

$$\boxed{n = \frac{lg\left[\frac{1}{1-\frac{R_0}{r}\frac{q-1}{q}}\right]}{lg\, q}} \approx 5 \,.$$

f) Wie groß ist der Zinsfuß, wenn 5 Jahre lang eine Rate (Rente) von DM 100,-- jährlich vorschüssig

α) angespart DM 615,33 ergeben;

β) von einem Kapital von DM 438,72 ausgezahlt werden kann?

→ Zinsfuß p bzw. $q = 1 + \frac{p}{100}$?

zu α):

$$R_n = r \cdot q \frac{q^n - 1}{q - 1} = 615{,}33 \text{ DM}$$

$$q \frac{q^n - 1}{q - 1} = \frac{R_n}{r} = 6{,}1533\,.$$

Zur Lösung gelangt man auch hier durch Probieren;

$$F(q) = q \frac{q^n - 1}{q - 1} - \frac{R_n}{r} = q \frac{q^5 - 1}{q - 1} - 6{,}1533\,.$$

Wertetabelle

p	q	F(q)	Bemerkung
10	1,1	0,562	zu groß
5	1,05	-0,351	zu klein
7,5	1,075	0,091	noch zu groß
7,0	1,07	$9{,}1 \cdot 10^{-5}$	Lösung

zu β):

$$R_0 q^n = rq \frac{q^n - 1}{q - 1} = 438{,}72 \text{ DM} \cdot q^5$$

$$\frac{1}{q^{n-1}} \frac{q^n - 1}{q - 1} = \frac{R_0}{r} = 4{,}3872\,.$$

Lösung durch Probieren:

$$F(q) = \frac{1}{q^{n-1}} \cdot \frac{q^n - 1}{q - 1} - \frac{R_0}{r} = \frac{1}{q^4} \cdot \frac{q^5 - 1}{q - 1} - 4{,}3872\,.$$

Wertetabelle

p	q	F(q)	Bemerkung
10	1,1	-0,217	zu groß
5	1,05	0,159	zu klein
7,5	1,075	-0,038	noch zu groß
7,0	1,07	$1{,}13 \cdot 10^{-5}$	Lösung

2.3 Kombinierte Renten- und Zinszahlungen

2.3.1 Rentenzahlung und Einzelleistung

Gelegentlich wird ein Kapital K_0 zu p% für n Jahre zinseszinslich angelegt und jedes Jahr eine Rente von r hinzugefügt oder abgehoben. Der Endwert der verzinsten einmaligen Einzahlung (Einzelleistung) und der n Rentenzahlungen beträgt nach n Jahren bei p% Zinseszins

$$\tilde{R}_n = K_n \pm R_n$$

bzw.

$$\boxed{\tilde{R}_n = K_0 \cdot q^n \pm r \frac{q^n-1}{q-1}} \quad \text{(nachschüssige Zahlungsweise)}$$

$$\boxed{\tilde{R}_n = K_0 \cdot q^n \pm r \cdot q \frac{q^n-1}{q-1}} \quad \text{(vorschüssige Zahlungsweise)}.$$

Beispiel: Jemand legt am 01.01.1988 50.000 DM zu 4% zinseszinslich an. Danach werden jährlich regelmäßig weitere 5.000 DM nachschüssig (beginnend am 31.12.1988) einbezahlt. Wie hoch ist das Guthaben am 01.01.2000 ?

$$R_{12} = 50.000(1{,}04)^{12} + 5.000 \frac{1{,}04^{12}-1}{0{,}04} = 155.180{,}62 \text{ DM}.$$

2.3.2 Aufgeschobene, unterbrochene und abgebrochene Renten

Bei *aufgeschobenen* Renten beginnt die Rentenzahlung erst nach einer bestimmten Warte- oder Leerzeit. Liegen die Leerzeiten dagegen zwischen den Rentenzahlungen, so spricht man von *unterbrochenen* Renten. Bei *abgebrochenen* Renten liegt die Leerzeit hinter den Rentenzahlungen; während der Leerzeit wird das angesammelte Kapital verzinst.

Die Berechnung von Endwert, Barwert, Laufzeit, Zinsfuß, etc. erfordert in diesen Fällen eine gleichzeitige Anwendung von Formeln aus der Renten- und der Zinseszinsrechnung. Die folgenden Beispiele sollen das Vorgehen verdeutlichen.

Beispiel 1: (aufgeschobene Rente)
Eine nachschüssige Rente von 1.000 DM mit einer Leerzeit von vier Jahren soll sechs Jahre lang bezahlt werden; der Zinssatz betrage 5%.
 a) Wie hoch ist der Rentenendwert?
 b) Wie hoch ist der Rentenbarwert?

Lösung: Zur Lösung dieser Art von Ausgaben ist es vorteilhaft, den Verlauf der Rentenzahlungen durch eine Zeitachse zu skizzieren.

a) Der Rentenendwert ist

$$R_{n=10} = R_{n'=6} = 1.000 \cdot \frac{1{,}05^6-1}{0{,}05} = 6.801{,}91 \text{ DM}.$$

Die Berechnung des Rentenendwertes erfolgt wie bisher.

b) $$R_{n'=0} = \frac{1.000}{1{,}05^6} \cdot \frac{1{,}05^6-1}{0{,}05} = 5.075{,}69 \text{ DM}$$

ist der Rentenbarwert für den Zeitpunkt n=4 (n'=0).

Die Abzinsung auf den Zeitpunkt n=0 ergibt

$$R_0 = \left(\frac{1.000}{1{,}05^6} \cdot \frac{1{,}05^6-1}{0{,}05}\right) \cdot \frac{1}{1{,}05^4} = 4.175{,}78 \text{ DM}.$$

Zum gleichen Ergebnis gelänge man, wenn der Rentenendwert zum Zeitpunkt n=10 auf den Zeitpunkt n=0 abgezinst werden würde:

$$R_0 = \left(1.000 \cdot \frac{1{,}05^6-1}{0{,}05}\right) \frac{1}{1{,}05^{10}} = 4.175{,}78 \text{ DM}.$$

Beispiel 2: (abgebrochene Rente)

Jemand zahlt auf ein Konto 10 Jahre lang nachschüssig 1.000 DM bei einem Zinssatz von 6% ein. Wie lange muß er nach der letzten Einzahlung warten, bis er 17.639 DM auf seinem Konto hat?

Lösung: $17.639 \text{ DM} = \underbrace{\left(1.000 \text{ DM} \cdot \frac{1{,}06^{10}-1}{0{,}06}\right)}_{\text{Rentenendwert}} \cdot \underbrace{1{,}06^n}_{\text{Aufzinsung}}$

$= 13.180{,}79 \text{ DM} \cdot 1{,}06^n$

$n = \frac{ln\,17.639 - ln\,13.180{,}79}{ln\,1{,}06} = 5 \text{ Jahre}.$

Beispiel 3: (unterbrochene Rente)

Ein Sparvertrag wird mit einem Zinssatz von 5% abgeschlossen. Die Laufzeit beträgt 10 Jahre. Jährlich sollen nachschüssig 1.000 DM einbezahlt werden. Am Ende des 3., 4. und 5. Jahres werden jedoch

    a) nichts   b) 500 DM

einbezahlt. Wie hoch ist der Kontostand am Ende der Vertragszeit?

Lösung:

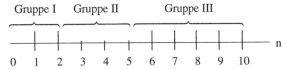

Der Endwert zum Zeitpunkt n=10 ergibt sich aus den Summen der Endwerte in den einzelnen Gruppen

Gruppe I : $\left(1.000 \text{ DM} \cdot \frac{1,05^2-1}{0,05}\right)(1,05)^8 = 3.028{,}78 \text{ DM}$

Gruppe II: a) 0

b) $\left(500 \text{ DM} \cdot \frac{1,05^3-1}{0,05}\right)(1,05)^5 = 2.011{,}74 \text{ DM}$

Gruppe III: $1.000 \text{ DM} \cdot \frac{1,05^5-1}{0,05} = 5.525{,}63 \text{ DM}$

a) $R_{10} = 8.554{,}41 \text{ DM}$

b) $R_{10} = 10.566{,}15 \text{ DM}$.

3. Unterjährliche Renten- (Raten-) Zahlungen

Die Zahlungsperiode ist kleiner als ein Jahr, z.B. monatliche Zahlungen; der Zinszeitraum bleibt ein Jahr; es werden Zinseszinsen nur für das Kapital berechnet, das volle Zinszeiträume festliegt; für das Kapital, das weniger als den vollen Zinszeitraum von einem Jahr - z.B. Monate - festliegt, werden einfache Zinsen berechnet (s. auch Abschnitt B 5.5: Gemischte Verzinsung).

Das erste Kapital zur zinseszinslichen Verzinsung liegt erst nach Abschluß des ersten Jahres (nach Vollendung des ersten Zinszeitraumes) vor. Die gleich große zweite, dritte etc. Kapitalmenge (die sogenannte Ersatzrentenrate r_e) kommt dann im zweiten, dritten etc. Jahr zusammen und wird ebenfalls erst nach Ende des zweiten, dritten etc. Jahres zinseszinslich verzinst; es gelten daher für diese Kapitalmengen (= Ersatzrentenraten) die Formeln der nachschüssigen jährlichen Rentenrechnung. Unterjährliche Rentenrechnung beschränkt sich darauf, wie man aus den unterjährlichen, periodischen Zahlungen die Ersatzrentenrate r_e ermittelt.

Man unterscheidet nachschüssige und vorschüssige Zahlung, je nachdem, ob am Anfang oder am Ende der Zahlungsperioden die Raten fällig sind.

3.1 Nachschüssige Zahlung mit jährlicher Verzinsung

Beispiel: Ein Sparvertrag über 5 Jahre mit Zahlungen am Ende eines Quartals in Höhe von 25,- DM bei 7% Verzinsung wird abgeschlossen.

	Jahr	Rate	Kapital	
n=0				
	m=1	r = 25,- DM	$K = r$	= 25,00 DM
1. Jahr	m=2	r = 25,- DM	$K = r+r+r\frac{p/m}{100} = r+r\left(1 + \frac{p}{m \cdot 100}\right)$	= 50,44 DM
	m=3	r = 25,- DM	$K = r+r\left(1 + \frac{p}{m \cdot 100}\right) + r\left(1 + \frac{p}{m \cdot 100} \cdot 2\right)$	= 76,31 DM
	m=4	r = 25,- DM	$K = r+r\left(1 + \frac{p}{m \cdot 100}\right) + r\left(1 + \frac{p}{m \cdot 100} \cdot 2\right)$	
n=1			$+ r\left(1 + \frac{p}{m \cdot 100} \cdot 3\right) = r_e$	= 102,63 DM
2. Jahr			$K = R_1 = r_e$	
		r_e = 102,63 DM	$K = r_e + r_e\left(1 + \frac{p}{100}\right) = r_e(1+q)$	= 212,44 DM
n=2				
5. Jahr		r_e = 102,63 DM	$K = R_5 = r_e\left(1 + q + q^2 + q^3 + q^4\right)$	
			$= r_e \frac{q^5-1}{q-1}$	= 590,20 DM
n=5				

Nimmt man für den allgemeinen Fall m Zahlungen pro Jahr und n Jahre an, so erhält man:

$$r_e = r + r\left(1 + \frac{p}{m \cdot 100} \cdot 1\right) + r\left(1 + \frac{p}{m \cdot 100} \cdot 2\right) +$$
$$+ r\left(1 + \frac{p}{m \cdot 100} \cdot 3\right) + \ldots + r\left(1 + \frac{p}{m \cdot 100}(m-1)\right)$$
$$= r + r + r\frac{p}{m \cdot 100} \cdot 1 + r + r\frac{p}{m \cdot 100} \cdot 2 +$$
$$+ r + r \cdot \frac{p}{m \cdot 100} \cdot 3 + \ldots + r + r\frac{p}{m \cdot 100}(m-1) =$$
$$= r \cdot m + r \cdot \underbrace{\frac{p}{m \cdot 100} \; (1+2+3+\ldots+[m-1])}_{\frac{(m-1)\cdot m}{2}}$$

$$r_e = r\left[m + \frac{p}{m \cdot 100} \frac{(m-1) \cdot m}{2}\right]$$

$$\boxed{r_e = r\left[m + \frac{p}{100} \cdot \frac{(m-1)}{2}\right]}$$

$$\boxed{R_n = r_e \frac{q^n - 1}{q - 1}}$$ nachschüssige Rentenendwertformel

Den Rentenbarwert erhält man, indem R_n durch q^n dividiert wird:

$$\boxed{R_0 = \frac{R_n}{q^n} = \frac{r_e}{q^n} \frac{q^n - 1}{q - 1}}$$ nachschüssige Rentenbarwertformel

3.2 Vorschüssige Zahlung mit jährlicher Verzinsung

Beispiel: Ein Sparvertrag mit Zahlungen zu Beginn des Quartals in Höhe von DM 25,- bei 7% Verzinsung wird abgeschlossen.

	Jahr	Rate	Kapital	
--- n=0				
1. Jahr	m=1	r = 25,- DM	$K = r + r\frac{p/m}{100} = r\left(1 + \frac{p}{m \cdot 100}\right)$	= 25,44 DM
	m=2	r = 25,- DM	$K = r\left(1 + \frac{p/m}{100}\right) + r\left(1 + \frac{p/m}{100} \cdot 2\right)$	= 51,31 DM
	m=3	r = 25,- DM	$K = r\left(1 + \frac{p/m}{100}\right) + r\left(1 + \frac{p/m}{100} \cdot 2\right) +$ $+ r\left(1 + \frac{p/m}{100} \cdot 3\right)$	= 77,63 DM
	m=4	r = 25,- DM	$K = R_1 = r_e = r\left(1 + \frac{p/m}{100}\right) + r\left(1 + \frac{p/m}{100} \cdot 2\right) +$ $+ r\left(1 + \frac{p/m}{100} \cdot 3\right) + r\left(1 + \frac{p/m}{100} \cdot 4\right)$	= 104,38 DM
--- n=1				
2. Jahr		$r_e = 104{,}38$ DM	$K = R_2 = r_e + r_e\, q$	= 216,06 DM
--- n=2				
5. Jahr		$r_e = 104{,}38$ DM	$R_5 = r_e \frac{q^5 - 1}{q - 1}$	= 600,26 DM
--- n=5				

Nimmt man für den allgemeinen Fall m Zahlungen pro Jahr und n Jahre an, so erhält man:

$$r_e = r\left(1 + \frac{p}{m \cdot 100}\right) + r\left(1 + \frac{p}{m \cdot 100} \cdot 2\right) + r\left(1 + \frac{p}{m \cdot 100} \cdot 3\right) +$$
$$+ r\left(1 + \frac{p}{m \cdot 100} \cdot 4\right) + \ldots + r\left(1 + \frac{p}{m \cdot 100} \cdot m\right) =$$
$$= r \cdot m + r \frac{p}{m \cdot 100} \underbrace{(1+2+3+4+\ldots+m)}_{\frac{m(m+1)}{2}}$$

$$r_e = r\left[m + \frac{p}{m \cdot 100} \cdot \frac{m(m+1)}{2}\right].$$

$$\boxed{\begin{array}{l} r_e = r\left[m + \frac{p}{100} \cdot \frac{(m+1)}{2}\right] \\[4pt] R_n = r_e \frac{q^n - 1}{q - 1} \quad \text{(Rentenendwert)} \\[4pt] R_0 = \frac{R_n}{q^n} = \frac{r_e}{q^n} \frac{q^n - 1}{q - 1} \quad \text{(Rentenbarwert)} \end{array}}$$ vorschüssige Rentenformeln

Merke: Die Ersatzrente r_e ist eine <u>nachschüssige</u> jährliche Rente, die aus nachschüssigen oder aus vorschüssigen unterjährlichen Raten berechnet wird.

3.3 Unterjährliche Zins- und Rentenzahlung

Es wurde bisher angenommen, daß der Zinszeitraum ein Jahr beträgt. Erfolgt die Verzinsung ebenfalls unterjährlich, dann muß zuerst die Anzahl der Verzinsungen während der gesamten Laufzeit sowie die Anzahl der Einzahlungen pro Zinszeitraum ermittelt werden, bevor die Rentenformeln aus den vorherigen Abschnitten angewandt werden können.
Ein Beispiel soll das Verfahren verdeutlichen.

Beispiel: Ein Sparvertrag wird abgeschlossen. Zu Beginn eines jeden Monats werden 7 Jahre lang 50,- DM angespart. Die Verzinsung betrage

a) jährlich 5%

b) halbjährlich 2,5%

c) vierteljährlich 1,25%

d) monatlich $\frac{5}{12}$ %.

Wie hoch ist der Rentenendwert?

Lösung: Ausgangspunkt für die Berechnung des Rentenendwertes ist die aus Abschnitt 3.2 abgeleitete Rentenendwertformel für unterjährliche (vorschüssige) Zahlungen. Bei unterjährlicher Verzinsung gibt n jetzt nicht mehr die Anzahl der Jahre, sondern die Anzahl der Zinszeiträume (Halbjahre, Monate etc.) innerhalb der Gesamtlaufzeit an

$$R = R_n = r\left(m + \frac{p^*}{100} \cdot \frac{m+1}{2}\right) \frac{q^{*n}-1}{q^*-1} = r_e \cdot \frac{q^{*n}-1}{q^*-1}$$

n : Anzahl der Zinszeiträume

m : Anzahl der Zahlungen pro Zinszeitraum

p^* : Periodenzinsfuß $\left(q^* = 1 + \frac{p^*}{100}\right)$.

a) Die Anzahl der Zinszeiträume (Verzinsungen) ist n=7. Pro Zinszeitraum (Jahr) erfolgen m=12 (monatliche) Einzahlungen. Der Rentenendwert beträgt

$$R = R_7 = 50 \text{ DM}\left(12 + \frac{5}{100} \cdot \frac{13}{2}\right) \frac{1,05^7-1}{0,05} = 5.017,51 \text{ DM}.$$

b) Die Anzahl der Verzinsungen ist n=14, da der Zinszeitraum ein Halbjahr ist und die Laufzeit 7 Jahre beträgt. Der Zinssatz beträgt halbjährlich p*=2,5. Die Anzahl der Renten pro Zinszeitraum (Halbjahr) ist hier m=6, weil jeden Monat 50,- DM einbezahlt werden sollen. Der Rentenendwert beträgt

$$R = R_{14} = 50 \text{ DM}\left(6 + \frac{2,5}{100} \cdot \frac{7}{2}\right) \frac{1,025^{14}-1}{0,025} = 5.027,96 \text{ DM}.$$

c) Wie man sich leicht überlegen kann, ist in diesem Falle n=7·4=28 und m=3, da der Zinszeitraum ein Vierteljahr ist. Der Vierteljahreszins beträgt p*=1,25. Man erhält

$$R = R_{28} = 50 \text{ DM}\left(3 + \frac{1,25}{100} \cdot \frac{4}{2}\right) \frac{1,0125^{28}-1}{0,0125} = 5.033,51 \text{ DM}.$$

d) Da n=7·12=84 Verzinsungen vorliegen und Einzahlungs- und Verzinsungsperiode übereinstimmen, d.h. m=1 ist, erhält man bei einem Zinssatz von $p^* = \frac{5}{12}$

$$R = R_{84} = r\left(1 + \frac{5/12}{100} \cdot \frac{2}{2}\right) \cdot \frac{q^{*84}-1}{q^*-1}$$

$$= r \cdot q^* \cdot \frac{q^{*84}-1}{q^*-1} = 5.037,33 \text{ DM}.$$

Dies ist die Formel für die vorschüssige jährliche Rente mit 84-maliger Verzinsung zu 5/12 % Zinsen.

Merke: Stimmen bei unterjährlicher Zins- und Rentenzahlung Zins- und Zahlungszeitraum überein, so gelten die Formeln der jährlichen Rentenrechnung, wobei n in diesem Fall die Anzahl der Verzinsungen bzw. die Anzahl der Zahlungen innerhalb der Gesamtlaufzeit bedeutet.

Beispiel: Wie hoch ist der Barwert einer vierteljährlichen nachschüssig zahlbaren Rente von je 2.000 DM, wenn die Laufzeit 5 Jahre beträgt und eine vierteljährliche Verzinsung (Vierteljahreszins) von 1% unterstellt wird?

Lösung: Laufzeit 5 Jahre → n = 5·4

$$R_0 = \frac{r}{q^n} \cdot \frac{q^n-1}{q-1} = \frac{2.000 \text{ DM}}{1,01^{20}} \cdot \frac{1,01^{20}-1}{0,01} = 36.091,11 \text{ DM}.$$

Schließlich muß noch der Fall, daß die Zinsperiode kürzer als die Rentenperiode ist, betrachtet werden.

Beispiel: Jemand zahlt 1.000 DM halbjährlich nachschüssig auf ein Konto, welches vierteljährlich mit 1% verzinst wird. Wie hoch ist der Kontostand nach 5 Jahren?

Lösung: Die nachschüssige Halbjahresrate R_2 wird formal in eine (konforme) nachschüssige Vierteljahresrate bei einem Zinssatz von p*=1 umgeformt, damit Zins- und Rentenperiode identisch sind. Die Halbjahresrate ist der (nachschüssige) Rentenendwert von zwei Vierteljahresraten; mit n=20 (Anzahl der Verzinsungen bzw. Zinsperioden) und m=2 (Anzahl der Zinsperioden pro Zahlungsperiode) erhält man:

$$R_m = r \cdot \frac{q^m-1}{q-1} = R_2 = r \frac{1,01^2-1}{0,01} = 1.000,-- \text{ DM}$$

$$R_n = r \frac{q^n-1}{q-1} = R_m \frac{(q-1)}{q^m-1} \frac{q^n-1}{(q-1)}$$

$$= R_m \frac{q^n-1}{q^m-1} = 1.000 \frac{1,01^{20}-1}{1,01^2-1} = 10.954,73 \text{ DM}.$$

3.4 Einige Fragestellungen bei unterjährlicher Rentenzahlung

a) Kombination aus einmaliger Zahlung und Rentenzahlungen

Beispiel: Beim Leasing eines PKWs werden eine Laufzeit von 7 Jahren, monatliche vorschüssige Mieten zu DM 250,- und eine Anzahlung von DM 3.000,- vereinbart. Wieviel Geld hat die Firma nach Ablauf des Vertrages zur Verfügung, wenn sie das Geld zu 5,5% Jahreszins anlegt?

Lösung: n = 7, r = 250,-DM, m = 12,
$K_0 = 3.000$,-DM, p = 5,5 (q = 1,055)

$\rightarrow K_n + R_n = K$

$K = K_n + R_n$

$= K_0 \cdot q^n + r\left(m + \frac{p}{100} \cdot \frac{m+1}{2}\right)\frac{q^n-1}{q-1} =$

$= 3.000\text{,- DM} \cdot 1,055^7 + 250\text{,- DM}\left(12 + \frac{5,5}{100} \cdot \frac{13}{2}\right) \cdot \frac{1,055^7-1}{0,055} =$

$= 4.364,04 \text{ DM} + 25.539,54 \text{ DM} = 29.903,58 \text{ DM}$.

b) Fragestellungen nach der Rentenrate r und nach der Laufzeit n analog zu Abschnitt 2.1 und 2.2 (jährliche Rentenrechnung)

Beispiel: Eine Schuld über 10.000 DM soll mit nachschüssigen Quartalsraten in drei Jahren getilgt werden. Wie hoch sind die zu zahlenden Raten bei 4% jährlichen Jahreszinsen ?

Lösung: $r_e = R_0 \cdot q^n \cdot \frac{q-1}{q^n-1}$ (vgl. 2.2d)

$= 10.000 \cdot 1,04^3 \cdot \frac{0,04}{1,04^3-1} = 3.603,49 \text{ DM}$

$r_e = 3.603,49 \text{ DM} = r\left(4 + \frac{4}{100} \cdot \frac{3}{2}\right)$

$\rightarrow$ r = 887,56 DM .

Beispiel: Gegen Zahlung von 50.000 DM soll eine nachschüssige Monatsrente von 200 DM gezahlt werden. Wie lange kann diese Rente bei 4% Zinseszins geleistet werden ?

Lösung: r = 200 DM, r_e = 200 DM · 12,22 = 2444 DM

$n = \dfrac{lg\left\{\dfrac{1}{1 - \dfrac{50.000}{2444} \cdot 0,04}\right\}}{lg\, 1,04}$ (vgl. 2.2e)

= 43,5 Jahre .

c) Fragestellungen nach der Zahlungsperiode m sind unüblich, aber denkbar !

Beispiel: Jemand "least" einen PKW und zahlt 3.000,- DM an; der Mietpreis beträgt 250,-DM vorschüssig. Die Laufzeit sei n=7 Jahre.

Wenn die Gesellschaft dieses Geld zu 5,5% Jahreszinsen anlegt, dann hat sie am Ende der Laufzeit 29.903,58 DM zusammen.

Wie groß ist die Zahlungsperiode m ?

<u>Lösung:</u> $R_n = K_0 \cdot q^n + r\left(m + \frac{p}{100} \cdot \frac{m+1}{2}\right)\frac{q^n-1}{q-1}$

$= 29.903{,}58 \text{ DM} = 4.364{,}04 \text{ DM} + 2.066{,}72 \text{ DM}\left(m + \frac{5{,}5}{200}(m+1)\right)$

$m + \frac{p}{100} \cdot \frac{m+1}{2} = \frac{[R_n - K_0 q^n]}{r} \cdot \frac{q-1}{q^n-1} = m + \frac{5{,}5}{200}(m+1) = 12{,}33$

$m\left[1 + \frac{p}{200}\right] = \frac{[R_n - K_0 q^n]}{r} \cdot \frac{q-1}{q^n-1} - \frac{p}{200} = 12{,}33 - 0{,}0275$

$m = \dfrac{\dfrac{(R_n - K_0 q^n)}{r} \cdot \dfrac{q-1}{q^n-1} - \dfrac{p}{200}}{\left(1 + \dfrac{p}{200}\right)} = \dfrac{12{,}33}{1{,}0275} = 12$.

d) Fragestellungen nach dem Zinssatz p sind etwas schwieriger als im vorigen Abschnitt

<u>Beispiel:</u> Konditionen beim PKW-Leasing:

Laufzeit 7 Jahre, Monatsmiete 250,- DM (vorschüssig), Anzahlung 3.000,- DM; wenn man die Anzahlung und die Monatsmieten anlegt, erhält man nach 7 Jahren 29.903,58 DM. Wie hoch ist der Jahreszins ?

<u>Lösung:</u> → p = ? bzw. q = ?

$R_n = K_0 q^n + r\left(m + \frac{p}{100} \cdot \frac{m+1}{2}\right)\frac{q^n-1}{q-1} = 29.903{,}58 \text{ DM}$

$= 3.000{,}- \text{DM} \cdot q^7 + 250{,}- \text{DM}\left(12 + \frac{p}{100} \cdot \frac{13}{2}\right)\frac{q^7-1}{q-1}$

$F(q) = K_0 q^n + r\left(m + (q-1)\frac{m+1}{2}\right)\frac{q^n-1}{q-1} - R_n = 0$

$F(q) = 3.000{,}- \text{DM} \cdot q^7 + 250{,}- \text{DM}\left(12 + \frac{13}{2}(q-1)\right)\frac{q^7-1}{q-1} - 29.903{,}58 \text{ DM} = 0$

Die Lösung erfolgt wieder durch Probieren; als Näherungslösung erhält man p≈5,5 .

e) Vermischtes Rentenproblem: Ansparen und anschließendes Verrenten

<u>Beispiel:</u> Ein Elternpaar legt bei der Geburt seiner Tochter ein Sparbuch an, und es spart 20 Jahre lang zu 4,5% Zinsen am Ende eines Quartals 200,-DM. Die Tochter benötigt für ihr Studium monatlich 750,-DM. Wie lange kann sie studieren, wenn dann der Zinssatz bei 3,5% liegt ?

Fragestellungen: 1) beim Ansparen → R_n

2) beim Verrenten: R_n (Ansparen) = R_0 (Verrenten) → n

Lösung: 1. Ansparen: nachschüssig

$$R_n = r\left(m + \frac{p}{100} \cdot \frac{m-1}{2}\right)\frac{q^n-1}{q-1} = 200,\text{- DM}\left(4 + \frac{4,5}{100} \cdot \frac{3}{2}\right)\frac{1,045^{20}-1}{0,045}$$

$$= 25.520,65 \text{ DM}$$

2. Verrenten: Monatswechsel ist vorschüssig.

Da $R_0 q^n - R_n = 0$ ist (vgl. 2.2c), gilt

$$R_0 \cdot q^n = r\left(m + \frac{p}{100} \cdot \frac{m+1}{2}\right)\frac{q^n-1}{q-1}$$

bzw.

$$n = \frac{lg\left\{\dfrac{1}{1 - \dfrac{R_0(q-1)}{r\left(m + \dfrac{p}{100}\dfrac{m+1}{2}\right)}}\right\}}{lg\,q}$$

$$= \frac{lg\left\{\dfrac{1}{1 - \dfrac{25.520,65 \text{ DM} \cdot 0,035}{750 \text{ DM}\left(12 + \dfrac{3,5}{100} \cdot \dfrac{13}{2}\right)}}\right\}}{lg\,1,035}$$

$$= \frac{lg\,1,1079}{lg\,1,035} = 2,98 \stackrel{\wedge}{=} 3 \text{ Jahre -}$$

4. Ewige Rente

Renten mit ewig langer Laufzeit können dann von einem Kapital gezahlt werden, wenn nur die Zinsen ausgeschüttet werden. Der Wert der Rentenrate hängt dann natürlich vom jeweiligen Zins und den Inflationsraten ab (i.d.R. bedeutet Inflation aber auch steigende Zinsen). Die Fragestellung bei ewiger Rente ist die nach dem Ausgangskapital, d.h. nach dem Rentenbarwert R_0.

Beispiele:

1. Für eine Grunddienstbarkeit eines Gebäudes, z.B. Verbauung der Aussicht, muß am Ende eines jeden Jahres DM 2.000,- bezahlt werden. Der Gebäudeeigentümer will dies durch eine einmalige Zahlung ablösen. Wieviel muß er zahlen?

→ Fragestellung: Aus welchem Kapital fallen jährlich "ewig" (nachschüssig) DM 2000,- an? Für den Zinsfuß muß natürlich ein mittlerer Wert für alle Jahre abgeschätzt werden; z.B. p=5 .

$$R_n = R_0 \, q^n = r \frac{q^n-1}{q-1} \quad \text{(nachschüssige Rentenformel)}$$

$$R_0 = \frac{r}{q^n} \frac{q^n-1}{q-1} = \frac{r}{q-1}\left(1 - \frac{1}{q^n}\right)$$

Anzahl der Jahre: $n \to \infty$

$$R_0 = \lim_{n \to \infty} \frac{r}{q-1}\left(1 - \frac{1}{q^n}\right)$$

wegen $q = 1 + \frac{p}{100} > 1$ folgt $\lim_{n \to \infty} \frac{1}{q^n} = 0$

$$\boxed{R_0 = \frac{r}{q-1}} = \frac{2.000,\text{-DM}}{0,05} = 40.000,\text{--} \, \text{DM} .$$

nachschüssige ewige Rentenformel

2. Ein Wirtschaftsmathematikenthusiast will für die beste Wirtschaftsmathematikprüfung eines jeden Semesters 500,- DM als Preis stiften. Wieviel Kapital muß er bereitstellen, wenn der mittlere Jahreszins 4% beträgt ?

→ Jedes Semester bedeutet halbjährliche Auszahlung

→ Ersatzrentenrate (nachschüssig)

$$m=2 : r_e = 500,\text{- DM} \left(2 + \frac{4}{100} \cdot \frac{1}{2}\right) = 1.010,\text{--} \, \text{DM}$$

Das Kapital muß 1.010,- DM Zinsen erbringen.

$$R_0 = \frac{1.010,\text{-DM}}{0,04} = 25.250,\text{--} \, \text{DM} .$$

Im allgemeinen werden ewige Renten von bereits angefallenen Zinsen, d.h. nachschüssig, gezahlt. Es ist aber auch denkbar, daß die Rente vorschüssig ausbezahlt wird.

$$R_0 \, q^n = r \cdot q \frac{q^n-1}{q-1} \quad \text{vorschüssige Rentenformel}$$

$$R_0 = \lim_{n \to \infty} \frac{1}{q^n} r q \frac{q^n-1}{q-1} = \lim_{n \to \infty} \frac{rq}{q-1}\left(1 - \frac{1}{q^n}\right)$$

$$\boxed{R_0 = \frac{r \cdot q}{q-1}} \quad \text{vorschüssige ewige Rentenformel}$$

Man kann diese Formel natürlich auch mit einer anderen, viel einfacheren Überlegung finden:

a) <u>nachschüssig</u>

Eine einmalige Verzinsung des Kapitals muß die auszuzahlende Rate erbringen, d.h.

$$R_0 \cdot \frac{p}{100} = r = R_0(q-1)$$
$$R_0 = \frac{r}{q-1}.$$

b) <u>vorschüssig</u>

Eine einmalige Verzinsung des wegen der sofortigen Auszahlung von r verminderten Kapitals muß dieses wieder auf den alten Stand bringen bzw. die Rate r ergeben, d.h.

$$(R_0 - r)\frac{p}{100} = r$$
$$R_0 - r = \frac{r}{q-1}$$
$$R_0 = \frac{r}{q-1} + r = \frac{r+rq-r}{q-1} = \frac{rq}{q-1}.$$

Merke: Rentenbarwerte von Renten mit sehr langer Laufzeit unterscheiden sich nur unwesentlich von Barwerten der ewigen Renten. Ewige Rentenformeln werden i.a. auch dann angewandt, wenn die Laufzeit zwar endlich, aber unbekannt und lang ist (z.B. bei Unternehmensbewertungen).

Beispiel: Ein Unternehmen erwirtschaftet jährlich nachschüssig einen Gewinn von 1 Mio. DM. Berechnen Sie den Barwert der Gewinne (Unternehmenswert) bei einem Zinsfuß (Kalkulationszinsfuß) von 10% und einer Lebensdauer von

    a) 10 Jahren   b) 50 Jahren   c) 100 Jahren   d) ewig.

Lösung: a)   6,145 Mio. DM
             b)   9,915 Mio. DM
             c)   9,999 Mio. DM
             d)   10,000 Mio. DM

5. Dynamische Rente

Bei der dynamischen (geometrischen) Rente steigen die Raten jährlich um einen bestimmten Prozentsatz an. Dynamische Renten werden beispielsweise vereinbart, um Teuerungsraten auszugleichen.

5.1 Nachschüssige jährliche Zahlungen

Beispiel: Für die Wiederbeschaffung eines Autos wird ein Sparvertrag über fünf Jahre zu 5% Jahreszinsen abgeschlossen.

Die nachschüssige Anfangsrate von 2.000,- DM soll jährlich um 2% steigen. Wieviel Geld steht nach 5 Jahren zur Verfügung?

→ Fragestellung $R_n = ?$

Dynamisierungsrate: $s = 2 \rightarrow l = 1 + \frac{s}{100} = 1{,}02$

Jahr	Rate	Rentenendwert (Kapital)	
n	r		
0			
1. Jahr	$r = 2.000,-$ DM	$R_1 = r$	$= 2.000{,}00$ DM
1			
2. Jahr	$r + r\frac{s}{100} = r\left(1 + \frac{s}{100}\right) = $ $= rl = 2.040,-$ DM	$R_2 = rq + r \cdot l$	$= 4.140{,}00$ DM
2			
3. Jahr	$r \cdot l + r \cdot l \cdot \frac{s}{100} = rl\left(1 + \frac{s}{100}\right)$ $= rl^2 = 2.080{,}80$ DM	$R_3 = rq^2 + rlq + rl^2$	$= 6.427{,}80$ DM
3			
4. Jahr	$rl^2 + rl^2 \frac{s}{100} = rl^3$ $= 2.122{,}42$ DM	$R_4 = rq^3 + rlq^2 + rl^2q + rl^3$	$= 8.871{,}61$ DM
4			
5. Jahr	$rl^4 = 2.164{,}86$ DM	$R_5 = rq^4 + rlq^3 + rl^2q^2 + rl^3q + rl^4$	$= 11.480{,}05$ DM
5			

rl^{n-1}

$R_n = rq^{n-1} + rlq^{n-2} + rl^2 q^{n-3} +$
$\quad + rl^{n-3}q^2 + rl^{n-2}q + rl^{n-1}$

n-tes Jahr
$$R_n = rq^{n-1}\left\{1 + \frac{l}{q} + \frac{l^2}{q^2} + \frac{l^3}{q^3} \ldots \frac{l^{n-3}}{q^{n-3}} + \frac{l^{n-2}}{q^{n-2}} + \frac{l^{n-1}}{q^{n-1}}\right\} =$$
$$= rq^{n-1}\left\{1 + \left(\frac{l}{q}\right) + \left(\frac{l}{q}\right)^2 + \left(\frac{l}{q}\right)^3 + \ldots + \left(\frac{l}{q}\right)^{n-1}\right\}$$

$\underbrace{\qquad\qquad\qquad\qquad}_{\text{geometrische Reihe}}$

n

$$\rightarrow \frac{\left(\frac{l}{q}\right)^n - 1}{\left(\frac{l}{q}\right) - 1} = \frac{\frac{l^n}{q^n} - 1}{\frac{l}{q} - 1} = \frac{\frac{l^n - q^n}{q^n}}{\frac{l-q}{q}}$$

$$= \frac{l^n - q^n}{l - q} \cdot \frac{q}{q^n} = \frac{l^n - q^n}{l - q} \cdot \frac{1}{q^{n-1}}$$

$$R_n = r \cdot q^{n-1} \cdot \frac{l^n - q^n}{l - q} \cdot \frac{1}{q^{n-1}}$$

$$\boxed{R_n = r \cdot \frac{l^n - q^n}{l - q} = r \cdot \frac{q^n - l^n}{q - l}}$$

Rentenendwertformel für nachschüssige
jährliche dynamische Rente

Einsetzen in das Beispiel ergibt:

$r = 2.000,- DM; \quad s = 2 \rightarrow l = 1,02; \quad p = 5 \rightarrow q = 1,05; \quad n = 5$

$R_5 = 2.000,- DM \cdot \dfrac{1,05^5 - 1,02^5}{1,05 - 1,02}$

$R_5 = 11.480,05 \text{ DM (s. oben)}$.

Aufgabe: Ermitteln Sie den Barwert einer ewigen dynamischen Rente, falls $l<q$.

Lösung: $R_0 = \dfrac{r}{q^n} \dfrac{q^n - l^n}{q - l} = \dfrac{r}{q-l}\left(1 - \dfrac{l^n}{q^n}\right)$;

für $n \rightarrow \infty \quad R_0 = \lim\limits_{n \rightarrow \infty} \dfrac{r}{q-l}\left(1 - \dfrac{l^n}{q^n}\right) = \dfrac{r}{q-l}$.

5.2 Vorschüssige jährliche Zahlungen

Beispiel: Für die Wiederbeschaffung eines Autos wird ein Sparvertrag über fünf Jahre zu 5% Jahreszinsen abgeschlossen. Die vorschüssige Anfangsrate von 2.000,- DM soll jährlich um 2% steigen. Wieviel Geld steht nach 5 Jahren zur Verfügung?

→ Fragestellung $R_n = ?$

Dynamisierungsrate: $s = 2 \rightarrow l = 1 + \dfrac{s}{100} = 1,02$.

Jahr	Rate	Rentenendwert	
n	r		
0			
1. Jahr	$r = 2.000,- DM$	$R_1 = r \cdot q$	$= 2.040,00$ DM
1			
2. Jahr	$r \cdot l$	$R_2 = rq^2 + rlq = q(rq + rl)$	$= 4.347,00$ DM
2			
3. Jahr	$r \cdot l^2$	$R_3 = rq^3 + rlq^2 + rl^2q = q(rq^2 + rlq + rl^2)$	$= 6.749,19$ DM
3			
4. Jahr	$r \cdot l^3$	$R_4 = q(rq^3 + rlq^2 + rl^2q + rl^3)$	$= 9.315,19$ DM
4			
5. Jahr	$r \cdot l^4$	$R_5 = q(rq^4 + rlq^3 + rl^2q^2 + rl^3q + rl^4)$	
		$= 1,05 \cdot 11.480,05$ DM	$= 12.054,05$ DM
5			
n		$\boxed{R_n = r \cdot q \, \dfrac{q^n - l^n}{q - l}}$	

Rentenendwertformel für vorschüssige
jährliche dynamische Rente

5.3 Renten mit gleicher Dynamisierungsrate und gleichem Zinsfuß

Entspricht die Dynamisierungsrate dem Zinsfuß, d.h. s=p und somit l=q, dann entsteht das Problem, daß man Ausdrücke der Form $\frac{0}{0}$ erhält. Die Rentenendwerte berechnen sich in diesem Fall wie folgt:

Nachschüssiger Rentenendwert (5.1):

$$R_n = r\left(q^{n-1} + q^{n-2} \cdot l + q^{n-3} \cdot l^2 + \ldots + q \cdot l^{n-2} + l^{n-1}\right)$$
$$= r\left(q^{n-1} + q^{n-1} + q^{n-1} + \ldots + q^{n-1} + q^{n-1}\right) = r \cdot n \cdot q^{n-1}$$
$$\boxed{R_n = n \cdot r \cdot q^{n-1} = n \cdot r \cdot l^{n-1}}$$

Vorschüssiger Rentenendwert (5.2):

$$R_n = r \cdot q \left(q^{n-1} + \ldots + q^{n-1}\right)$$
$$= r \cdot q \cdot n \cdot q^{n-1}$$
$$\boxed{R_n = n \cdot r \cdot q^n = n \cdot r \cdot l^n}$$

Beispiel: Für die Wiederbeschaffung eines Autos wird ein Sparvertrag über fünf Jahre zu 5% Jahreszinsen abgeschlossen. Die vorschüssige Anfangsrate von 2.000,- DM soll jährlich um 5% steigen. Wieviel Geld steht nach 5 Jahren zur Verfügung?

→ Fragestellung $R_n = ?$

$r = 2.000,-$ DM; $s = 5 \rightarrow l = 1{,}05$; $p = 5 \rightarrow q = 1{,}05$; $n = 5$

$R_5 = 5 \cdot 2.000,-$ DM $\cdot 1{,}05^5$

$= 12.762{,}82$ DM .

Beispiel: Berechnen Sie den Barwert aus dem vorigen Beispiel.

$$R_0 = \frac{R_n}{q^n} = \frac{n \cdot rq^n}{q^n} = n \cdot r$$

$= 5 \cdot 2.000,-$ DM $= 10.000,-$ DM .

Da sich Zinsgewinn und Inflationsverlust ausgleichen, ergeben sich gerade die Einzahlungen.

6. Rentenrechnung bei gemischter Verzinsung und Berechnung der Effektivverzinsung

Gemischte Verzinsung ist dann anzuwenden, wenn die letzte Zahlung nicht mit dem Ende der Zinsperiode zusammenfällt.

Beispiel: Ein Sparer spart monatlich nachschüssig 250,- DM bei einer jährlichen Verzinsung von 5%. Wie groß ist sein Guthaben nach 4 Jahren und 5 Monaten?

Lösung: Hierbei werden die abgeschlossenen 4 Jahre mit Zinseszinsen und die letzten 5 Monate mit einfachen Zinsen berechnet.

$$n = n_1 + n_2 = 4 + \frac{5}{12}.$$

Für die abgeschlossenen Jahre gilt:

$$R_{n_1} = r\left(m + \frac{p}{100} \frac{m-1}{2}\right) \frac{q^{n_1}-1}{q-1} = 13.226{,}70 \text{ DM}.$$

Für den restlichen Zeitraum erhält man für diese Summe:

$$R_{n_1}\left(1 + n_2 \frac{p}{100}\right) = 13.226{,}70 \text{ DM}\left(1 + \frac{5}{12} \cdot \frac{5}{100}\right) = 13.502{,}26 \text{ DM}.$$

Zudem werden aber noch Raten, die einfach verzinst werden, eingezahlt und ergeben:

$$R_{n_2} = n_2 \cdot m \cdot r + \left(n_2 - \frac{1}{m}\right)\frac{p}{100} \cdot r + \left(n_2 - \frac{2}{m}\right)\frac{p}{100} \cdot r$$
$$+ \left(n_2 - \frac{3}{m}\right)\frac{p}{100} \cdot r + \ldots + \frac{1}{m}\frac{p}{100} \cdot r$$

$$R_{5/12} = 5 \cdot 250 \text{ DM} + \frac{4}{12} \cdot \frac{5}{100} \cdot 250 \text{ DM} + \ldots + \frac{1}{12} \cdot \frac{5}{100} \cdot 250 \text{ DM} =$$
$$= 1.260{,}42 \text{ DM}.$$

$$R_{n_2} = n_2 \cdot m \cdot r + r\frac{p}{100}\left\{\frac{n_2 \cdot m - 1}{m} + \frac{n_2 \cdot m - 2}{m} + \frac{n_2 \cdot m - 3}{m} + \ldots + \frac{1}{m}\right\}$$
$$= n_2 \cdot m \cdot r + r\frac{p}{m \cdot 100}\left\{1 + 2 + \ldots \left(n_2 \cdot m - 2\right) + \left(n_2 \cdot m - 1\right)\right\}$$
$$= n_2 \cdot m \cdot r + r\frac{p}{m \cdot 100} \frac{(n_2 \cdot m - 1 + 1)}{2} \cdot (n_2 \cdot m - 1)$$
$$= n_2 \cdot m \cdot r + r\frac{p}{100} \frac{n_2(n_2 \cdot m - 1)}{2}$$

$$R_{n_2} = n_2 \cdot r\left(m + \frac{p}{100} \frac{(n_2 \cdot m - 1)}{2}\right)$$

$$R_{5/12} = \frac{5}{12} \cdot 250{,}- \text{DM}\left(12 + \frac{5}{100} \cdot \frac{5-1}{2}\right)$$
$$= 1.260{,}42 \text{ DM}.$$

Zusammenfassend ergibt sich für die nachschüssige Rentenendwertformel bei gemischter Verzinsung:

$$R_n = R_{n_1} + R_{n_2}$$

$$R_n = r\left\{\left(m + \frac{p}{100}\frac{m-1}{2}\right)\frac{q^{n_1}-1}{q-1}\left(1 + n_2\frac{p}{100}\right) + n_2\left(m + \frac{p}{100}\cdot\frac{n_2\cdot m-1}{2}\right)\right\}$$

$R_{4\frac{5}{12}} = 13.502{,}26 \text{ DM} + 1.260{,}42 \text{ DM} = 14.762{,}68 \text{ DM}$.

Entsprechend folgt für dasselbe Beispiel, jedoch bei vorschüssiger Ratenzahlung:

$$R_n = r\left\{\left(m + \frac{p}{100}\frac{m+1}{2}\right)\frac{q^{n_1}-1}{q-1}\left(1 + n_2\frac{p}{100}\right) + n_2\left(m + \frac{p}{100}\frac{n_2\cdot m+1}{2}\right)\right\}$$

Den Rentenbarwert erhält man in gleicher Weise durch Anwendung der gemischten Verzinsung:

$$R_n = R_0\, q^{n_1}\left(1 + n_2\frac{p}{100}\right)$$

bzw.
$$R_0 = \frac{R_n}{q^{n_1}\left(1 + n_2\frac{p}{100}\right)}$$

Beispiel: Ein Sparer spart monatlich vorschüssig 250 DM bei einer jährlichen Verzinsung von 5%. Wie hoch ist der Barwert bei einer Laufzeit von 4 Jahren und 5 Monaten?

$$R_0 = \frac{250\text{DM}\left\{\left(12 + \frac{5}{100}\cdot\frac{13}{2}\right)\frac{1{,}05^4-1}{0{,}05}\left(1 + \frac{5}{12}\cdot\frac{5}{100}\right) + \frac{5}{12}\left(12 + \frac{5}{100}\cdot\frac{5+1}{2}\right)\right\}}{1{,}05^4\left(1 + \frac{5}{12}\cdot\frac{5}{100}\right)}$$

$$= \frac{14.822{,}88 \text{ DM}}{1{,}05^4\left(1 + \frac{25}{1200}\right)} = 11.945{,}95 \text{ DM}.$$

Mit Hilfe o.a. Formeln lassen sich alle Fragestellungen der vorigen Abschnitte dieses Kapitels entsprechend behandeln. Als Beispiel sollen hier nur die Effektivzinsen von Krediten mit nicht ganzzahligen Laufzeiten bei jährlicher Verzinsung berechnet werden.

Bei Krediten wird der effektive Jahreszins im Prinzip mit o.a. Formeln ermittelt. Die gesetzliche Grundlage ist § 4 der PAngV 1985 (Preisangabenverordnung) bzw. die Ausführungsbestimmungen der Wirtschaftsministerien der Länder zur PAngV 1985. Bei der Berechnung des effektiven Jahreszinses sind alle unmittelbaren Kredit- und Vermittlungskosten einzubeziehen (z.b. Nominalzins, Bearbeitungsgebühren, Disagio, Maklerprovisionen, unterjährliche Zinszahlungen). Einige Aufwendungen, z.b. Aufwendungen im Zusammenhang mit der Absicherung des Darlehens (Notariatsgebühren und Grundbuchkosten), Versicherungskosten und Kontoführungsgebühren im marktüblichen Umfang, sind nicht zu berücksichtigen. Weiter ist gesetzlich geregelt, daß der jährliche Effektivzins mindestens mit einer, höchstens aber mit zwei Stellen hinter dem Komma anzugeben ist. Bei "variablen" Krediten, d.h. bei Krediten mit nicht über die gesamte Laufzeit festen Kreditkonditionen, ist ein sogenannter *anfänglicher* effektiver Jahreszins über die Festschreibungszeit zu berechnen (vgl. Übungsaufgabe 49).

Zur Berechnung des effektiven Jahreszinses muß (bei nachschüssiger Zahlungsweise) die Gleichung

$$F(q) = \frac{\left\{\left(m + \frac{p}{100} \cdot \frac{m-1}{2}\right)\frac{q^{n_1}-1}{q-1}\left(1 + n_2\frac{p}{100}\right) + n_2\left(m + \frac{p}{100}\frac{n_2 \cdot m-1}{2}\right)\right\}}{q^{n_1}\left(1 + n_2\frac{p}{100}\right)} - \frac{R_0}{r} = 0,$$

die sich aus obiger Rentenbarwertformel ergibt, durch Probieren gelöst werden. Man nennt das Verfahren *360-Tage-Methode*. Für die tägliche Praxis wird man Hilfsmittel (Rechner, Rechenprogramme) einsetzen. Zur Einbeziehung weiterer Faktoren, wie tilgungsfreie Zeiten, Berechnung des anfänglichen Effektivzinses, muß die Lösungsgleichung entsprechend modifiziert werden.

Die folgenden Beispiele sollen das Vorgehen verdeutlichen. Die beiden ersten Beispiele sind den Ausführungsbestimmungen zur PAngV 1985 entnommen.

<u>Beispiel</u>: Kredithöhe (Auszahlungsbetrag): 8.000 DM
Laufzeit: 30 Monate
Zinssatz: 0,62% pro Monat, bezogen auf den Auszahlungsbetrag
Bearbeitungsgebühr: 2% des Auszahlungsbetrages; sie wird monatlich verrechnet und ist nicht zu verzinsen
Rückzahlung: 1 Monat nach Kreditauszahlung, monatlich.
<u>Lösung</u>: $n = n_1 + n_2 = 2 + \frac{6}{12}$
$m = 12$
$R_0 = 8.000$ DM
$r = \frac{8.000 \text{ DM}}{30} + 0,0062 \cdot 8.000 \text{ DM} + \frac{0,02 \cdot 8.000 \text{ DM}}{30} = 321,60 \text{ DM}.$
→ $p_{eff} = 16,26$ (durch Probieren)

Beispiel: Kredithöhe (Rückzahlungsbetrag): 8.000 DM

Auszahlung: 98% (= 2% Disagio)

Laufzeit: 10 Quartale

Quartalsrate: 890,61 DM (nachschüssig)

Rückzahlung: 1 Quartal nach Kreditauszahlung, vierteljährlich

Lösung: $n = n_1 + n_2 = 2 + \frac{2}{4}$

$m = 4$

$R_0 = 0{,}98 \cdot 8.000 \text{ DM} = 7.840 \text{ DM}$

$r = 890{,}61 \text{ DM}$

→ $p_{eff} = 9{,}94$ (durch Probieren)

Beispiel: Kredithöhe (Auszahlungsbetrag) am 30.04.1990: 2.400 DM

Laufzeit: 6 Monate

Zinssatz: 0,5% pro Monat vom Auszahlungsbetrag

Bearbeitungsgebühr: 8 DM pro Monat, nicht zu verzinsen

Rückzahlung: 1 Monat nach Kreditauszahlung, monatlich

Lösung: $n = n_1 + n_2 = 0 + \frac{6}{12}$

$m = 12$

$R_0 = 2.400 \text{ DM}$

$r = 400 \text{ DM} + 12 \text{ DM} + 8 \text{ DM} = 420 \text{ DM}$

Die Ermittlung des effektiven Jahreszinses vereinfacht sich hier, da nur

$$F(q) = \frac{n_2 \left(m + \frac{p}{100} \cdot \frac{n_2 \cdot m - 1}{2} \right)}{1 + n_2 \frac{p}{100}} - \frac{R_0}{r} = 0$$

zu lösen ist. Die Gleichung kann algebraisch nach p aufgelöst werden. Man erhält

$$p = p_{eff} = 100 \, \frac{m \cdot n_2 \cdot r - R_0}{n_2 \cdot \left(R_0 - r \frac{n_2 \cdot m - 1}{2} \right)}$$

$$= \boxed{\frac{100 \cdot Z_{n_2}}{n_2 \cdot \overline{K}_{n_2}}} \quad \text{(vgl. A3)}$$

$$= 100 \cdot \frac{2520 - 2400}{\frac{6}{12}(2400 - 1050)} = 100 \cdot \frac{120}{\frac{6}{12} \cdot 1350} = 17{,}78 \, ,$$

wobei Z_{n_2} : Zinsen und sonstige Aufwendungen

$\overline{K}_{n_2} = R_0 - r \frac{n_2 \cdot m - 1}{2}$: durchschnittliche Kredithöhe

$n_2 \leq 1$: Verzinsungsperiode.

Gute Näherungen erhält man für die Effektivverzinsung ($n_2 \leq 1$), wenn man, wie in der Praxis oft üblich, die durchschnittliche Kredithöhe als arithmetisches Mittel der Restschuld des ersten und des letzten Monats berechnet.

$$p_{eff}^* = 100 \cdot \frac{120}{\frac{6}{12} \cdot \frac{1}{2}(2.400+400)} = \frac{2.400 \cdot 120}{6 \cdot \left(2.400 + \frac{2.400}{6}\right)} = \frac{2.400 \cdot 120}{2.400 \cdot (6+1)} = 17,14.$$

allgemein: $$\boxed{p_{eff}^* = \frac{2.400 \cdot (\text{Zinsen und sonstige Aufwendungen})}{\text{Kreditauszahlungbetrag} \cdot (\text{Laufzeitmonate} + 1)}}$$

Mit Hilfe dieser Formel, der sogenannten *Uniformmethode*, wurde bis 1980 der effektive Jahreszins, insbesondere bei Teilzahlungskrediten, berechnet.

Ob ein angegebener effektiver Jahreszins richtig ist, kann relativ einfach mit Hilfe eines Kontos für einen Vergleichskredit überprüft werden. Das Konto für den Vergleichskredit entwickelt sich bei dem im letzten Beispiel ermittelten effektiven Jahreszins von p_{eff}=17,78 bei 360 Zinstagen und nachschüssiger Zinsbelastung wie folgt:

Kapitalkonto	DM		Zinskonto DM	
30.04.1994 Auszahlung	2.400,00	Soll	213,36	(Zinsen für 180 Tage)
30.05.1994 1. Rate	420,00	Haben	- 31,11	(Zinsen für 150 Tage)
30.06.1994 2. Rate	420,00	Haben	- 24,89	(Zinsen für 120 Tage)
30.07.1994 3. Rate	420,00	Haben	- 18,67	(Zinsen für 90 Tage)
30.08.1994 4. Rate	420,00	Haben	- 12,45	(Zinsen für 60 Tage)
30.09.1994 5. Rate	420,00	Haben	- 6,22	(Zinsen für 30 Tage)
30.10.1994 6. Rate	420,00	Haben	0	(Zinsen für 0 Tage)
Saldo	120,00	Haben	120,00	
Zinsbelastung	120,00	Soll		
Endsaldo	0			

Bei richtiger Berechnung des effektiven Jahreszinses muß der Endsaldo des Kontos für den Vergleichskredit Null ergeben; geringe Differenzen können durch Rundungen auftreten.

Die kapitalwirksamen Zinsverrechnungen werden beim Effektivzins nach Preisangabenverordnung jeweils nach Ablauf eines vollen Jahres (nach 360 Tagen) berücksichtigt. Bei gebrochenen Laufzeiten wird die letzte Zinsverrechnung nach Ablauf der verbliebenen Dauer von weniger als einem Jahr nach einfacher Zinsrechnung durchgeführt. Im Gegensatz dazu wird beim "Effektivzins nach <u>Braess</u>" die erste Zinsverrechnung nach Ablauf der gebrochenen Laufzeit vorgenommen. Danach folgen nur noch ganze Laufzeitjahre.

Bei der sogenannten AIBD-Methode (Association of International Bond Dealers), auch ISMA-Methode (International Securities Market Association) genannt, erfolgt die Zinsverrechnung mit der Ratenzahlung. Während man beim Effektivzinsverfahren nach PAngV im unterjährlichen Bereich mit einfachen Zinsen rechnet, wird bei der AIBD-Methode sowohl im jährlichen als auch im unterjährlichen Bereich mit Zinseszinsen kalkuliert. Auf- und Abzinsungen erfolgen bei unterjährlichen Raten mit Bruchteilen der Zinsperiode. Unterschiede zwischen der Effektivverzinsung nach PAngV und AIBD ergeben sich daher nur im unterjährlichen Bereich. Beide Methoden weisen für volle Laufzeitjahre und jährlicher Zinszahlung die gleichen Ergebnisse auf.

Beispiel: Ein Kredit über 10.000 DM soll in drei gleich hohen Halbjahresraten zu 4.000 DM zurückbezahlt werden. Wie hoch ist der Effektivzins nach

a) Preisangabenverordnung (jährliche Zinsverrechnungen),

b) AIBD (halbjährliche Zinsverrechnungen)?

Lösung:

a)
$$-10.000 + \frac{4.000\left(1+\frac{1}{2}\frac{p}{100}\right)}{\left(1+\frac{p}{100}\right)} + \frac{4.000}{\left(1+\frac{p}{100}\right)} + \frac{4.000}{\left(1+\frac{p}{100}\right)\left(1+\frac{1}{2}\frac{p}{100}\right)} = 0$$

bzw.

$$F(q) = \frac{\left(2+\frac{1}{2}\frac{p}{100}\right)\left(1+\frac{1}{2}\frac{p}{100}\right)+1}{\left(1+\frac{p}{100}\right)\left(1+\frac{1}{2}\frac{p}{100}\right)} - \frac{10.000}{4.000} = 0$$

$\rightarrow p_{eff} = 20{,}38$

b)
$$-10.000 + \frac{4.000}{q^*} + \frac{4.000}{q^{*2}} + \frac{4.000}{q^{*3}} = 0$$

$\rightarrow q^* = 1{,}097$

$\rightarrow p_{eff} = (1{,}097^2 - 1) \cdot 100 = 20{,}34.$

bzw.

$$-10.000 + \frac{4.000}{q_{eff}^{1/2}} + \frac{4.000}{q_{eff}} + \frac{4.000}{q_{eff}^{1,5}}$$

$\rightarrow q_{eff} = 1{,}2034$

$\rightarrow p_{eff} = 20{,}34.$

Man hat das richtige Ergebnis erhalten, wenn die Rentenrate r und die Auszahlung R_0, termingleich mit dem Effektivzins angelegt, denselben Rentenendwert ergeben.

Die Rentenendwerte betragen

a) bei jährlicher Zinsverrechnungsperiode:

$$R_{1,5} = 10.000\left(1 + \frac{20{,}38}{100}\right)\left(1 + \frac{1}{2}\frac{20{,}38}{100}\right) =$$

$$= 4.000\left(1 + \frac{1}{2}\frac{20{,}38}{100}\right)^2 + 4.000\left(1 + \frac{1}{2}\frac{20{,}38}{100}\right) + 4.000 = 13.264$$

b) bei halbjährlicher Zinsverrechnungsperiode:

$$R_{1,5} = 10.000 \cdot 1{,}097^3 = 4.000 \cdot 1{,}097^2 + 4.000 \cdot 1{,}097 + 4.000 = 13.201$$

bzw.

$$R_{1,5} = 10.000 \cdot 1{,}2034^{1,5} = 4.000 \cdot 1{,}2034 + 4.000 \cdot 1{,}2034^{1/2} = 13.201 \ .$$

7. Mittlerer Zahlungstermin und Duration

Für eine Rente mit n Zahlungen verteilt auf n Zinszeiträume ist die Angabe einer mittleren Laufzeit, die die durchschnittliche Kapitalbindungsdauer bemißt, von besonderer Bedeutung. Als mittlere Dauer z legt man den Zeitpunkt fest, an dem alle Zahlungen der Rente (=n·r) auf einmal erfolgen sollen. Abgezinst auf den Beginn der Rente muß sich dann der gleiche Barwert ergeben:

$$R_0 = \frac{n \cdot r}{q^z} \ .$$

Hieraus folgt für eine nachschüssige Rente:

$$R_0 = \frac{n \cdot r}{q^z} = \frac{1}{q^n} \cdot r \cdot \frac{q^n - 1}{q - 1}$$

und nach Umformung

$$z = \frac{ln\left(n \cdot q^n \frac{q-1}{q^n - 1}\right)}{ln \ q} \ .$$

Entsprechend gilt für die vorschüssige Rente

$$R_0 = \frac{n \cdot r}{q^z} = \frac{1}{q^n} \cdot r \cdot q \frac{q^n - 1}{q - 1}$$

und

$$z = \frac{ln\left(n \cdot q^n \frac{q-1}{q^n - 1}\right)}{ln \ q} - 1 \ .$$

Der Unterschied von einem Zinszeitraum zwischen der mittleren Dauer einer nach- und einer vorschüssigen Rente widerspiegelt den um einen Zeitraum früheren Zahlungsbeginn der vorschüssigen Rente.

Eine einfache Abschätzung der mittleren Dauer erhält man durch die Angabe der mittleren Zeit aller Zahlungstermine k. Für nachschüssige Zahlungen ist dies das arithmetische Mittel aus erstem (k=1) und letztem (k=n) Zahlungstermin:

$$z \approx m = \frac{n+1}{2}.$$

Entsprechend gilt für vorschüssige Zahlungen, wo der erste Zahlungstermin sofort (k=0) und der letzte eine Periode vor Ablauf (k=n-1) erfolgt:

$$z \approx m = \frac{n-1}{2}.$$

Beide Zeiten werden als *mittlerer Zahlungstermin* bezeichnet.

Eine andere Annäherung zur gemittelten Zeitdauer-Abschätzung, *Duration* genannt, berücksichtigt, daß Zahlungen zu späteren Zeitpunkten ein zunehmend geringeres Gewicht erhalten. Je später nämlich eine Zahlung r geleistet werden muß, desto weniger ist sie auch zu Beginn einer Rente (bar) wert. Als Gewichtsfaktor ihres Zahlungstermins wird daher ihr auf den Barwert bezogenes Verhältnis r/R_0, abgezinst auf den Beginn der Rente, angenommen. Der Gewichtsfaktor zum Zeitpunkt t ist also:

$$\frac{r}{R_0} \cdot \frac{1}{q^t}.$$

Die gewichteten Zeiten t' werden nun zur Gesamtzeit, der *Duration*, aufaddiert. Dieser Näherungswert findet in der Anlage- und Vermögensberatung Verwendung.

Für nachschüssige Rentenzahlungen folgt:

$$z \approx D = \sum_{t'=1}^{n} t' = \sum_{t=1}^{n} t \cdot \frac{r}{R_0 \cdot q^t} = \frac{r}{R_0} \sum_{t=1}^{n} t \cdot \frac{1}{q^t} =$$

$$= \frac{\frac{1}{q^n}\left(q \frac{q^n-1}{(q-1)^2} - \frac{n}{q-1}\right)}{\frac{1}{q^n} \cdot \frac{q^n-1}{q-1}} \qquad \text{(vgl. Anhang A.5)}$$

$$D = \frac{q^{n+1} - n(q-1) - q}{(q^n-1)(q-1)}.$$

Entsprechend ergibt sich für vorschüssige Rentenzahlungen:

$$D = \sum_{t'=0}^{n-1} t' = \frac{r}{R_0} \sum_{t=0}^{n-1} t \cdot \frac{1}{q^t} =$$

$$= \frac{\frac{1}{q^{n-1}}\left(q \frac{q^{n-1}-1}{(q-1)^2} - \frac{n-1}{q-1}\right)}{\frac{1}{q^{n-1}} \frac{q^n-1}{q-1}} = \frac{q^n - (n-1)(q-1) - q}{(q^n-1)(q-1)}.$$

Hieraus folgt für den Unterschied zwischen der Duration einer nach- und einer vorschüssigen Rente:

$$D_{nach} - D_{vor} = \frac{q^{n+1}-n(q-1)-q}{(q^n-1)(q-1)} - \frac{q^n-(n-1)(q-1)-q}{(q^n-1)\cdot(q-1)}$$

$$= \frac{q^{n+1}-q^n-q+1}{(q^n-1)(q-1)} = \frac{(q^n-1)(q-1)}{(q^n-1)(q-1)} = 1.$$

Die Differenz der Duration ergibt wieder die um einen Zinszeitraum vorgezogene Zahlungsweise einer vorschüssigen Rente.

Die verschiedenen Mittelungszeiten erläutert das folgende Beispiel.

Beispiel: Jemand hat für ein Grundstück 10 Jahre lang r DM zu bezahlen. Wie groß sind die gemittelten Zahlungstermine bei nach- bzw. vorschüssiger Zahlungsweise und einem Zinsfuß von 8%?

Lösung: nachschüssig:

$$z = ln\left(10 \cdot 1{,}08^{10} \frac{0{,}08}{1{,}08^{10}-1}\right) / lg\, 1{,}08 = 5{,}18 \text{ Jahre}$$

mittlerer Zahlungstermin: $m = \frac{11}{2} = 5{,}5$ Jahre

Duration: $D = \frac{1{,}08^{11}-10 \cdot 0{,}08-1{,}08}{(1{,}08^{10}-1)\, 0{,}08} = 4{,}87$ Jahre

vorschüssig:

alle Zeiten um ein Jahr kürzer.

Merke: Die Mittelungen der Zeitdauer sind von den jeweiligen (konstanten) Zahlungsbeträgen unabhängig; sie hängen nur von Laufzeit und Zinsfuß ab.

Beispiel: Beim obigen Rentengeschäft sei ein Zinsfuß von 10% gegeben.

→ nachschüssig: $z = 5{,}10$ Jahre

$m = 5{,}5$ Jahre

$D = 4{,}73$ Jahre.

Der _mittlere Zinszeitraum_ weicht vom exakten Mittelwert z nach oben, die _Duration_ nach unten ab.

Bei einer ewigen Rente berechnet sich die Duration zu:

nachschüssig:
$$D = \lim_{n\to\infty} \frac{q^{n+1}-n(q-1)-q}{(q^n-1)(q-1)} =$$
$$= \lim_{n\to\infty} \frac{q^{n+1}}{q^n} \cdot \frac{1}{q-1} \cdot \frac{1-[n(q-1)+q]/q^{n+1}}{1-\frac{1}{q^n}} = \frac{q}{q-1}.$$

vorschüssig:
$$D = \frac{1}{q-1}.$$

Die zeitliche Differenz der Duration von nach- und vorschüssiger ewiger Rente

$$D_{nach} - D_{vor} = \frac{q}{q-1} - \frac{1}{q-1} = \frac{q-1}{q-1} = 1 \text{ Jahr}$$

beträgt auch hier ein Jahr.

8. Zusammenfassung der wichtigsten Formeln der Rentenrechnung

Dieser Abschnitt faßt die wichtigsten Formeln der Rentenrechnung wegen ihrer zentralen Bedeutung für die gesamte Finanzmathematik in Übersichten zusammen.

a) Übersicht: Jährliche Rentenzahlungen

Rentenbarwert:	$R_0 = R_n/q^n$
nachschüssig:	
Rentenendwert:	$R_n = r \cdot \frac{q^n-1}{q-1}$
Laufzeit:	$n = \dfrac{lg[R_n(q-1)/r+1]}{lg\, q}$
	$= \dfrac{lg\left[\dfrac{1}{1-\dfrac{R_0}{r}(q-1)}\right]}{lg\, q}$
Zinsfuß:	$F(q) = \dfrac{q^n-1}{q-1} - \dfrac{R_n}{r} = 0$

Lösung q durch Probieren.

$$p = 100(q-1)$$

C. Rentenrechnung

vorschüssig:

Rentenendwert:
$$R_n = r \cdot q \frac{q^n - 1}{q-1}$$

Laufzeit:
$$n = \frac{lg\left[\frac{R_n}{r \cdot q}(q-1)+1\right]}{lg\, q}$$

$$= \frac{lg\left[\frac{1}{1-\frac{R_0}{r} \cdot \frac{(q-1)}{q}}\right]}{lg\, q}$$

Zinsfuß:
$$F(q) = q \cdot \frac{q^n - 1}{q-1} - \frac{R_n}{r} = 0$$

Lösung q durch Probieren.

$$p = 100(q-1)$$

b) Übersicht: Unterjährliche Rentenzahlungen:

Rentenendwert:
$$R_n = r_e \frac{q^n - 1}{q-1}$$

Ersatzrentenrate: 1. nachschüssig
$$r_e = r\left[m + \frac{p}{100} \frac{(m-1)}{2}\right]$$

2. vorschüssig
$$r_e = r\left[m + \frac{p}{100} \frac{(m+1)}{2}\right]$$

Laufzeit: wie in Übersicht a) (nachschüssig) mit r_e statt r.

Zinsfuß: wie in Übersicht a) (nachschüssig) mit r_e statt r.

c) Übersicht: Ewige Rente

nachschüssiger Barwert:
$$R_0 = \frac{r}{q-1}$$

vorschüssiger Barwert:
$$R_0 = \frac{r \cdot q}{q-1}$$

d) Übersicht: Dynamische Rente

Rentenendwert $q \neq l$

nachschüssig jährlich: $\quad R_n = r \dfrac{q^n - l^n}{q - l}$

vorschüssig jährlich: $\quad R_n = rq \dfrac{q^n - l^n}{q - l}$

Rentenendwert $q = l$

nachschüssig jährlich: $\quad R_n = n \cdot r \, q^{n-1}$

vorschüssig jährlich: $\quad R_n = n \cdot r \cdot q^n$

e) Übersicht: Gemischte Verzinsung

Rentenendwert, $n = n_1 + n_2$

nachschüssig:
$$R_n = r\left\{\left(m + \frac{p}{100}\frac{m-1}{2}\right)\frac{q^{n_1}-1}{q-1}\left(1 + n_2\frac{p}{100}\right)\right.$$
$$\left. + n_2\left(m + \frac{p}{100}\frac{n_2 \cdot m - 1}{2}\right)\right\}$$

vorschüssig:
$$R_n = r\left\{\left(m + \frac{p}{100}\frac{m+1}{2}\right)\frac{q^{n_1}-1}{q-1}\left(1 + n_2\frac{p}{100}\right)\right.$$
$$\left. + n_2\left(m + \frac{p}{100}\frac{n_2 \cdot m + 1}{2}\right)\right\}$$

Rentenbarwert:
$$R_0 = \frac{R_n}{q^{n_1}\left(1 + n_2 \frac{p}{100}\right)}$$

Zinsfuß (nach- und vorschüssig)

allgemein:
$$F(q) = \frac{R_n/r}{q^{n_1}\left(1 + n_2 \frac{p}{100}\right)} - \frac{R_0}{r} = 0$$

Lösung durch Probieren.

$p = 100(q - 1)$

$n_1 = 0$ (Laufzeit $n \leq 1$, nachschüssig):
$$p = 100 \cdot \frac{m \cdot n_2 \cdot r - R_0}{n_2\left(R_0 - r\dfrac{n_2 \cdot m - 1}{2}\right)}$$

f) Übersicht: Mittlere Rentenlaufzeiten

n Zahlungs- und Zinszeiträume

nachschüssig:

gemittelte Renten- (Kapitalbindungs-)dauer $\quad z = \dfrac{ln\left(n\cdot q^n \dfrac{q-1}{q^n-1}\right)}{ln\, q}$

mittlerer Zahlungstermin (Näherung) $\quad m = \dfrac{n+1}{2}$

Duration (Näherung) $\quad D = \dfrac{q^{n+1}-n(q-1)-q}{(q^n-1)(q-1)}$

Duration einer ewigen Rente $\quad D = \dfrac{q}{q-1}$

vorschüssig:
alle Mittelungswerte der nachschüssigen Rente minus Eins infolge der um einen Zinszeitraum früher erfolgenden ersten Ratenzahlung.

III. Übungsaufgaben

1. Ein Sparer zahlt jeweils zum Jahresende 2.000 DM auf sein Sparkonto ein, welches zu 4% verzinst wird. Über welches Guthaben verfügt der Sparer nach 10 bzw. 20 Jahren?

2. Einer Tankstelle wird eine Autowaschanlage zum Preis von 100.000 DM angeboten. Es wird jährlich mit Einzahlungsüberschüssen von 20.000 DM (nachschüssig) gerechnet. Nach Ablauf der Nutzungsdauer von 10 Jahren kann für die Anlage ein Schrottwert von 10.000 DM erzielt werden. Lohnt sich die Investition bei einem Kalkulationszinsfuß von 10%?

3. Eine ständige Wegebaulast von jährlich 1.000 DM nachschüssig mit einem alle 5 Jahre fälligen Instandhaltungsbeitrag von 2.000 DM soll abgelöst werden. Der nächste Instandhaltungsbeitrag fällt in drei Jahren an. Wie hoch ist die Ablösesumme bei einem Zinssatz von 5%?

4. Auf ein Konto werden monatlich 10 Jahre lang 100 DM einbezahlt. Wie hoch ist der Kontostand nach 15 Jahren bei

    a) nachschüssiger   b) vorschüssiger

    Zahlungsweise, falls der Zinssatz 5% beträgt?

5. Eine Investition über 100.000 DM bringt 5 Jahre lang jeweils zum Jahresende 30.000 DM an Einzahlungsüberschüssen. Wie hoch ist die Verzinsung?

6. Ein Bausparer hat einen Bausparvertrag über 50.000 DM Bausparsumme abgeschlossen. Der Habenzins beträgt 3%. Der Bausparvertrag ist zuteilungsreif, wenn 40% der Bausparsumme einbezahlt sind.

    a) Nach wieviel Jahren ist der Bausparvertrag zuteilungsreif, wenn

     aa) 3.000 DM jährlich nachschüssig

     ab) 3.000 DM jährlich vorschüssig

     ac) 300 DM monatlich nachschüssig

    einbezahlt werden?

    b) Welche Sparrate muß der Bausparer

     ba) jährlich nachschüssig

     bb) jährlich vorschüssig

     bc) monatlich nachschüssig

    leisten, damit der Vertrag in vier Jahren zuteilungsreif ist?

7. Jemand zahlt zu Beginn eines jeden Monats 500 DM auf sein Sparkonto ein, welches mit 4,5% jährlich verzinst wird.
   a) Über welches Guthaben verfügt der Sparer nach 10 Jahren?
   b) Welchen Betrag hätte er zum Zeitpunkt n=0 auf sein Konto einzahlen müssen, um bei gleicher Laufzeit und Verzinsung über dasselbe Guthaben zu verfügen?

8. Eine vorschüssige Rente von jährlich 12.000 DM soll 20 Jahre lang bezahlt werden. Der Jahreszinsfuß beträgt 6%.
   a) Wie hoch ist der Barwert?
   b) Wie hoch sind Barwert und Monatsrate, wenn die Jahresrate in monatliche (vorschüssige) Beträge umgewandelt wird?

9. Jemand erhält nach Ablauf von genau fünf Jahren zehnmal eine jährliche Rente von 10.000 DM.
   a) Diese Rente soll in eine monatliche nachschüssige Rente umgewandelt werden, die sofort beginnt und sieben Jahre bezahlt wird. Wie hoch ist die Monatsrente bei einem Zinssatz von 7%?
   b) Diese Rente soll in eine vorschüssige Vierteljahresrente von 2.000 DM umgewandelt werden, die in genau zwei Jahren beginnt. Wie lange kann die Vierteljahresrente bei einer von da an halbjährlichen Verzinsung von 3,5% bezahlt werden?

10. Ein Vater zahlt auf das Konto seines Sohnes 10 Jahre lang jeweils am Ende eines Jahres 10.000 DM ein. Der Zinssatz beträgt 5%. Fünf Jahre nach der letzten Einzahlung beginnt der Sohn sein Studium.
    a) Welchen Betrag kann der Sohn während seines vierjährigen Studiums jährlich vorschüssig abheben, damit das gesparte Geld gerade für das Studium ausreicht?
    b) Der Sohn möchte jährlich vorschüssig 30.000 DM abheben. Nach wieviel Jahren ist das Geld aufgebraucht?
    c) Welchen Betrag kann der Sohn monatlich vorschüssig während seines vierjährigen Studiums abheben, wenn in dieser Zeit seine Tante zusätzlich vierteljährlich nachschüssig vier Jahre lang 1.000 DM auf das Konto überweist, damit das Geld für das Studium ausreicht?

11. Das Vermögen von A ist mit 100.000 DM doppelt so hoch wie das Vermögen von B. A spart jährlich 4.000 DM nachschüssig, während B 8.000 DM spart. Die jährliche Verzinsung ist 6%.
    a) Nach wieviel Jahren sind die Vermögen von A und B gleich hoch?
    b) Wie hoch muß die jährliche Sparleistung von B sein, damit er in 10 Jahren das gleiche Vermögen wie A hat?

12. Auf einen Bausparvertrag wurden am Ende der Jahre 1981, 1982 und 1983 jeweils 10.000 DM einbezahlt. Danach ließ der Sparer den Vertrag ruhen. Zum Ende der Jahre 1987, 1988 und 1989 wurden jeweils 20.000 DM einbezahlt. Wie hoch ist der Kontostand am 31.12.1990 bei einem Zinsfuß von 3%?

13. Aus einem Kapital von 100.000 DM soll eine 12-jährige Rente, die sofort fällig ist, gebildet werden. Der Zinssatz betrage 5%. Berechnen Sie die
    a) nachschüssige Jahresrente
    b) nachschüssige Monatsrente
    c) vorschüssige Jahresrente
    d) vorschüssige Monatsrente.

14. In welche nachschüssige Monatsrente kann eine jährliche nachschüssige Rente von 5.000 DM umgewandelt werden, falls der Zinssatz 6% beträgt?

15. Das Vermögen von A beträgt 100.000 DM. Er spart monatlich nachschüssig 300 DM. Das Vermögen von B beträgt 60.000 DM. Wie hoch muß die monatliche nachschüssige Sparleistung von B sein, damit er in 20 Jahren ein doppelt so hohes Vermögen wie A bei einem Zinssatz von 7% hat?

16. Für den Kauf einer Maschine stehen folgende Zahlungsalternativen zur Auswahl:
    a) 8.000 DM sofort, 4 jährliche Raten zu je 2.000 DM, zahlbar am Ende eines jeden Jahres
    b) vier jährliche Raten zu je 4.000 DM, zahlbar am Ende eines jeden Jahres
    c) 5.000 DM sofort, je 3.000 DM am Ende des 2. und 3. Jahres und 5.000 DM am Ende des 4. Jahres.
    Für welche Zahlungsalternative soll man sich bei einem Zinssatz von 10% entscheiden?

17. Für den Kauf eines Mietshauses, dessen Wiederverkauf nach fünf Jahren erwogen wird, sind folgende Daten gegeben:

Anschaffungsausgaben:	650.000 DM
Mieteinnahmen pro Jahr (nachschüssig)	35.000 DM
Betriebskosten pro Jahr (nachschüssig)	18.000 DM
Verkaufspreis nach fünf Jahren	750.000 DM .

    Der Investor verlangt eine Mindestrentabilität von 10%. Soll er das Haus kaufen?

18. Ein Unternehmer überlegt sich, ob er eine Maschine im Wert von 20.000 DM kaufen soll. Der Schrottwert der Maschine wird auf 1.000 DM geschätzt.
    a) Der Kauf der Maschine führt zu einer jährlichen Einsparung von 4.600 DM (nachschüssig). Wie lange muß die Maschine mindestens genutzt werden, damit sich die Investition bei einem Kalkulationszinsfuß von 11% rentiert?
    b) Wie groß muß die jährliche Einsparung mindestens sein, wenn die Lebensdauer 10 Jahre beträgt, damit sich die Investition bei einem Kalkulationszinsfuß von 12% rentiert?

19. Eine Schuld von 2.400 DM wird in 13 Monatsraten zu je 200 DM abgetragen. Wie hoch ist der Zinsfuß bei
   a) nachschüssiger   b) vorschüssiger

   Zahlungsweise und monatlicher Verzinsung?

20. Eine Erbschaft von 30.000 DM soll in eine 10-jährige Rente umgewandelt werden. Wie hoch sind die nachschüssigen Monatsraten bei einer vierteljährlichen Verzinsung von 1,5%?

21. Ein heute 55-jähriger Arbeitnehmer hat in 10 Jahren einen Anspruch auf eine monatliche Betriebsrente von 500 DM, die vorschüssig bezahlt wird. Durch welche Gegenleistung kann sie heute bei einem Zinssatz von 6% abgelöst werden, wenn eine Lebenserwartung von 77 Jahren angenommen wird?

22. Ein Sparer spart zu Beginn eines jeden Vierteljahres 10 Jahre lang 1.000 DM. Wie hoch ist das Sparguthaben nach 20 Jahren bei einer halbjährlichen Verzinsung von 2,5%?

23. Aus einer Anzeige:
   "Barkredit sofort und bequem für jeden Zweck: z.B. 5.000 DM für 136 DM monatlich bei 47 Monaten Laufzeit".
   Wie hoch ist der effektive Jahreszinssatz bei nachschüssiger Betrachtung und monatlicher Verzinsung?

24. Aus einem Kapital von 250.000 DM soll eine nachschüssige Quartalsrente von 22.900 DM bezahlt werden. Wie oft kann diese Rente bei einem Semesterzins von 3% geleistet werden?

25. Eine Schuld über 100.000 DM soll in nachschüssigen Monatsraten in den nächsten fünf Jahren getilgt werden. Wie hoch sind die Monatsraten bei vierteljährlicher Verzinsung von 2%?

26. Ein Pensionär hat ein Vermögen von 1 Million DM. Jährlich hebt er nachschüssig 80.000 DM ab. Ein Berufsanfänger mit einem geerbten Vermögen von 100.000 DM spart am Ende seines ersten Berufsjahres 10.000 DM. Er plant, diesen Sparbetrag jährlich um 20% zu steigern. Nach wieviel Jahren haben beide ein gleich hohes Vermögen, wenn die Verzinsung zu 6% erfolgt?

27. Welchen Preis sollte ein potentieller Käufer, der eine Verzinsung von 10% seines eingesetzten Kapitals verlangt, für ein Unternehmen maximal bezahlen, welches
   a) einen durchschnittlichen Jahresüberschuß von 1 Million DM erzielt?
   b) am Ende des ersten Jahres einen Jahresüberschuß von 1 Million DM erzielt, der dann jährlich um 5% wächst?

28. Ein Bankkunde benötigt für den Kauf eines PKWs 40.000 DM. Er akzeptiert folgende Kreditkonditionen: Laufzeit zwei Jahre, Rückzahlung in zwei gleich hohen Beträgen zum jeweiligen Jahresende, Jahreszins von 6,5% bei 95%-iger Auszahlung.
    a) Wie hoch sind die beiden Jahresraten?
    b) Welchen Effektivzins bezahlt er?

29. Mit welchem Kapital kann im Alter von 30 Jahren bei einer Lebenserwartung von 70 Jahren eine monatliche Rente von 1.100 DM, die nachschüssig bezahlt wird, abgelöst werden, wenn man eine jährliche Dynamisierungsrate von 2.5% und einen Jahreszins von 4,5% zugrundelegt?

30. Jemand möchte von seinem 63. Geburtstag an 20 Jahre lang eine jährliche nachschüssige Rente in Höhe von 20.000 DM ausbezahlt bekommen. Welchen Betrag muß er dafür 30 Jahre lang bis zu seinem 63. Geburtstag monatlich vorschüssig einbezahlen? Der Zinsfuß betrage 5,5% jährlich.

31. Sie wollen für die beste Vorprüfung eines jeden Jahres einen Preis von 1.000 DM aussetzen. Welches Kapital müssen Sie bei einem Jahreszins von 6% anlegen?

32. Jemand legt 500.000 DM zu 8% Jahreszinsen an. Am Ende des ersten Jahres werden 50.000 DM abgehoben. Aufgrund der Teuerung wird damit gerechnet, daß der Betrag jährlich um 5,5% erhöht werden muß. Nach wieviel Jahren ist das angelegte Kapital aufgebraucht?

33. Jemand zahlt jährlich nachschüssig folgende Beiträge in seine Lebensversicherung:

1971 - 1975	5.000 DM
1976 - 1980	10.000 DM
1981 - 1985	20.000 DM

    Die Lebensversicherung wird im Erlebensfall Ende 1990 ausbezahlt. Die durchschnittliche Verzinsung des einbezahlten Kapitals beträgt 7%.
    a) Wie hoch ist der Auszahlungsbetrag?
    b) Welche konstanten jährlichen Beiträge zwischen 1971 und 1985 hätten zur gleichen Auszahlung geführt?
    c) Der Auszahlungsbetrag 1990 soll in eine monatliche nachschüssige Rente umgewandelt werden. Wie hoch ist diese bei einer ferneren Lebenserwartung von 15 Jahren, falls der Jahreszins 5,5% beträgt?

34. Das Vermögen von A beträgt 100.000 DM und das von B 50.000 DM. Beide sparen 10.000 DM jährlich nachschüssig. A hat sein Geld zu 3% angelegt. Nach 20 Jahren möchte B ein gleich hohes Vermögen wie A haben. Zu welchem Zinssatz muß er sein Geld anlegen?

35. Aus einem Kapital von 250.000 DM soll 20 Jahre lang eine vorschüssige Monatsrente bezahlt werden. Wie hoch ist diese bei vierteljährlicher Verzinsung von 1%?

36. Eine jährliche nachschüssige Rente über 10.000 DM wird nach fünf Jahren fünf Jahre lang unterbrochen; danach wird sie wieder fünf Jahre gewährt. Wie hoch ist der Barwert der Rente bei einem Zinsfuß von 5%?

37. Wieviel muß am Ende eines jeden Monats gespart werden, um bei 5% Verzinsung in 10 Jahren ein Kapital von 100.000 DM anzusparen?

38. Um welchen Prozentsatz muß eine jährliche nachschüssige Sparrate von anfänglich 500 DM pro Jahr steigen, damit man nach 10 Jahren ein Kapital von 10.000 DM besitzt? Es werden 5% Zinsen gewährt.

39. Wie lange dauert es, bis man mit einer monatlichen vorschüssigen Sparrate von 100 DM ein Kapital von 20.000 DM erspart hat, wenn die Verzinsung halbjährlich mit 2,5% erfolgt?

40. Ein Sparer spart am Ende des ersten Jahres 500 DM. Danach steigt die Sparsumme jährlich um 10%. Die Verzinsung beträgt 6%. Nach wieviel Jahren hat er ein Sparkapital von 10.000 DM erreicht?

41. Berechnen Sie den Barwert einer nachschüssigen Rente von 1.000 DM, die alle
    a) zwei Jahre
    b) fünf Jahre
    für einen Zeitraum von 20 Jahren bei einem Jahreszinsfuß von 6% bezahlt wird.

42. Herr Müller möchte in 5 Jahren ein Auto der Marke BMV kaufen, welches DM 58.666 kostet. Zu diesem Zweck schließt er einen Sparvertrag über 5 Jahre zu 8% Zinsen ab.
    a) Wie hoch ist die jährliche nachschüssige Sparrate?
    b) Um wieviel Prozent muß die nachschüssige Anfangsrate aus a) jährlich steigen, falls der Preis des Autos pro Jahr um 5% zunimmt?

43. Eine 5,5%-DM-Anleihe mit einer Restlaufzeit von sieben Jahren wird zum Kurs von 89,4% gekauft. Zinsen werden noch siebenmal jährlich nachschüssig ausgeschüttet. Der Rücknahmekurs ist 100%. Wie hoch ist die Rendite bzw. die effektive Verzinsung?

44. Eine 8%-DM-Anleihe mit einer Restlaufzeit von vier Jahren wird zum Kurs von 100% gekauft. Zinsen werden noch viermal jährlich nachschüssig ausgeschüttet. Der Rücknahmekurs ist 100%. Wie hoch ist die Rendite bzw. die effektive Verzinsung?

45. Ein Waldbestand beträgt heute 200.000 m³. Wie groß ist er in 20 Jahren, wenn am Ende eines jeden Jahres 5.000 m³ Holz geschlagen werden und 3% stetiges Wachstum pro Jahr zu erwarten ist?

46. Welchen Betrag muß man monatlich vorschüssig 10 Jahre lang sparen, um anschließend eine monatliche nachschüssige ewige Rente in Höhe von 1.000 DM bei einem Zinssatz von 5% zu erhalten?

47. Aus einer Anzeige für ein Kreditangebot:

    "Schnell und Einfach: 15.000 DM für 282,05 DM monatlich, Laufzeit: 72 Monate".

    Wie hoch ist der effektive Jahreszins bei nachschüssiger Betrachtung und

    a) jährlichen Zinsperioden

    b) monatlichen Zinsperioden?

48. Ein Fernsehgerät kostet bei Barzahlung 1.300 DM. Bei Ratenzahlung, die einen Monat nach Kauf beginnt, sind 250 DM sofort als Anzahlung und sechs Monatsraten zu je 190 DM zu entrichten. Berechnen Sie den effektiven Jahreszins.

49. Ein Kredit wird mit folgenden Konditionen angeboten:

    Kredithöhe (Rückzahlungsbetrag):   8.000 DM

    Auszahlung: 98% (2% Disagio)

    Laufzeit: 10 Quartale

    Festschreibungszeit: 2 Jahre

    Quartalsrate: 890,61 DM (nachschüssig)

    Restschuld nach zwei Jahren: 1.729,19 DM.

    Berechnen Sie den sogenannten anfänglichen Effektivzins, d.h. den Effektivzins für die ersten zwei Jahre.

50. Am 01.01.1990 wurde ein Sparkonto von 1.000 DM eröffnet. Das Guthaben wird vierteljährlich mit 1% verzinst.

    a) Wie hoch ist das Guthaben am 01.01.2000, wenn

    aa) alle Gutschriften auf dem Konto bleiben?

    ab) an jedem Jahresende 5% des verzinsten Kapitals abgehoben werden?

    b) Nach wievielen Jahren ist der Kontostand zum ersten Mal geringer als 500 DM, wenn an jedem Jahresende 5% des verzinsten Kapitals abgehoben werden?

51. Ein Kredit über R_0 DM soll in 12 nachschüssigen Monatsraten zu r DM zurückbezahlt werden. Wie hoch ist der Effektivzins nach PAngV?

52. Ein Kredit über 1.000 DM mit einer Laufzeit von 12 Monaten wird gewährt. Wie hoch muß die nachschüssige Monatsrate sein, damit sich ein Effektivzins nach PAngV von 20% ergibt?

53. Jemand zahlt alle zwei Jahre nachschüssig 2.000 DM auf sein Sparkonto ein, welches jährlich zu 3% verzinst wird. Wie hoch ist der gesparte Betrag einschließlich Zinseszins am Ende des 10. Jahres?

54. Eine Bevölkerung von 80 Millionen, die aufgrund ihres niedrigen Geburtenniveaus jährlich um 1% sinkt, wobei der Einfachheit halber diskretes (negatives) Wachstum unterstellt wird, verzeichnet eine Nettozuwanderung von 300.000 Personen pro Jahr. Die Geburtenraten der Zuwanderer und der einheimischen Bevölkerung seien gleich hoch. Weiter wird unterstellt, daß die Zuwanderung jeweils am Ende eines Jahres erfolgt.
    a) Wie hoch ist der gesamte Bevölkerungsbestand nach 50 Jahren?
    b) Nach wieviel Jahren hat sich der gesamte Bevölkerungsbestand halbiert?
    c) Gegen welche Zahl wird der gesamte Bevölkerungsbestand langfristig streben?
    d) Wie hoch müßte der Zuwanderungsstrom jährlich sein, damit die Bevölkerungszahl bei 80 Millionen bleibt?
    e) Wie hoch müßte der Zuwanderungsstrom jährlich sein, damit die Bevölkerungszahl bei 70 Millionen bleibt?

55. Ein Wertpapier, welches 100 DM kostet, wird nach einem Monat für 101 DM verkauft. Wie hoch ist die Effektivverzinsung nach
    a) PAngV?　　　　　　　　　　b) AIBD?

56. Jemand spart 1.000 DM jährlich vorschüssig 10 Jahre lang. Danach kann aus dem angesammelten Kapital jährlich eine ewige nachschüssige Rente von 1.000 DM gezahlt werden. Wie hoch ist der für beide Rentenzahlungen gleiche Zinsfuß?

57. Sie wollen alle zwei Jahre einen Preis von 10.000 DM (vorschüssig) für außerordentliche Leistungen auf dem Gebiet der Finanzmathematik aussetzen. Welches Kapital müssen Sie bei einem Jahreszinsfuß von 6% bereitstellen?

58. Jemand erhält alle 5 Jahre eine Rente in Höhe von 20.000 DM. Die erste Rentenzahlung fällt in genau drei Jahren an. Berechnen Sie den Rentenbarwert dieser Rente, falls die Zahlungen
    a) 10 mal　　　　　　　　　　b) ewig
    geleistet werden. Der Zinssatz betrage 5% p.a.

D. TILGUNGSRECHNUNG

I. Testaufgaben

1. Eine Schuld von 200.000 DM soll in 25 Jahren mit konstanten Tilgungsraten bei einer jährlichen Verzinsung von 8% getilgt werden.
   a) Wie hoch sind die Zinsen im 12. Jahr?
      Lösung: 8.960,- DM   → D 2.1
   b) Wie hoch ist die Restschuld nach 18 Jahren?
      Lösung: 56.000,- DM   → D 2.1
   c) Wie hoch sind die Gesamtaufwendungen?
      Lösung: 408.000,- DM   → D 2.1

2. Eine Anleihe von 1.000.000 DM soll mit 8% verzinst und im Verlauf der nächsten fünf Jahre durch gleich große Tilgungsraten getilgt werden. Wie gestaltet sich der Tilgungsplan?
      Lösung: siehe Beispiel   → D 2.1

3. Eine Schuld von 120.000 DM soll mit einem Jahreszinsfuß von 6% halbjährlich verzinst und innerhalb der nächsten sechs Jahre in gleich großen Tilgungsraten halbjährlich getilgt werden.
   a) Wie hoch sind die Zinsen im 2. Halbjahr des 4. Jahres?
      Lösung: 1.500,- DM   → D 2.2
   b) Wie hoch ist die Restschuld nach Ablauf des 1. Halbjahres im 3. Jahr?
      Lösung: 70.000,- DM   → D 2.2
   c) Wie hoch sind die Aufwendungen im 2. Halbjahr des 5. Jahres?
      Lösung: 10.900,- DM   → D 2.2

4. Eine Anleihe von 10.000.000 DM der XY-AG soll innerhalb von 50 Jahren mit gleichbleibenden Annuitäten getilgt werden. Wie groß sind bei 6% Zinsen
   a) die Annuität?
      Lösung: 634.442,86 DM   → D 3.1
   b) das Restkapital nach 31 Jahren?
      Lösung: 7.079.187,38 DM   → D 3.1
   c) die Tilgung im 39. Jahr?
      Lösung: 315.298,67 DM   → D 3.1
   d) die Zinsen im 24. Jahr?
      Lösung: 502.879,74 DM   → D 3.1

e) die Gesamtaufwendungen ?
   Lösung: 31.722.143,- DM   → D 3.1
f) die gesamte Zinsbelastung ?
   Lösung: 21.722.143,- DM   → D 3.1

5. Ein Darlehen über 100.000 DM soll mit 8% jährlich verzinst und mittels gleichbleibender Annuitäten von 10.000 DM getilgt werden. Wie lange dauert die Tilgung?
   Lösung: 20,91 Jahre   → D 3.1

6. Ein Darlehen von 1.000.000 DM soll mit 4% verzinst und innerhalb der nächsten fünf Jahre durch gleich hohe Annuitäten zurückbezahlt werden. Erstellen Sie den Tilgungsplan.
   Lösung: siehe Beispiel   → D 3.1

7. Eine Schuld über 40.000 DM wird in 5 Jahren durch gleichbleibende Annuitäten von 10.000 DM verzinst und getilgt. Wie hoch ist der Zinsfuß ?
   Lösung: 7,9%   → D 3.1

8. Ein Darlehen über 20.000 DM soll mit Hilfe monatlich konstanter Annuitätenraten in sechs Jahren getilgt werden. Der Jahreszinssatz beträgt 8%. Wie groß sind die Monatsraten?
   Lösung: 347,77 DM   → D 3.2.1

9. Ein Hypothekendarlehen über 100.000 DM hat eine Laufzeit von 25 Jahren. Das Darlehen soll monatlich zurückbezahlt werden. Die Verzinsung erfolgt vierteljährlich mit 2%. Wie groß sind
   a) die Monatsraten ?
      Lösung: 768,30 DM   → D 3.2.2
   b) die Gesamtaufwendungen ?
      Lösung: 230.490,- DM   → D 3.2.2

10. Ein Fernsehgerät koste bar 2.205,- DM. Geht man ein Teilzahlungsgeschäft ein, so bezahlt man 30 Monatsraten (nachschüssig) zu je 99,80 DM. Wie hoch ist der Jahreszinssatz ?
    Lösung: 28,76%   → D 3.1, C 6

II. Lehrtext

1. Grundbegriffe

Unter Tilgung versteht man die Rückzahlung einer (langfristigen) Schuld. Die Rückzahlung erfolgt entweder in einem Betrag oder in Form von regelmäßigen Teilbeträgen, die nach verschiedenen Gesichtspunkten berechnet werden. Die wichtigsten Begriffe und die entsprechenden Symbole der Tilgungsrechnung sind der Übersicht zu entnehmen. Die Tilgungsrechnung ist ein spezielles Problemfeld der Rentenrechnung. Alle Fragestellungen der Rentenrechnung lassen sich somit auf die Tilgungsrecung übertragen.

Nachschüssige Verzinsung und nachschüssige Zahlungen (= Annuitäten) sind in der Praxis üblich, d.h., die Zahlungen sind jeweils am Ende eines Zinszeitraums fällig; desgleichen enthalten die Konditionen oft auch unterjährliche Verzinsungen und Zahlungen.

Übersicht: Wichtige Begriffe der Tilgungsrechnung

S	: Schuld, die zurückgezahlt (= getilgt) werden muß.
n	: Anzahl der Zinszeiträume (im allgemeinen: Jahre), nach deren Ablauf die Schuld S getilgt sein muß.
p	: Zinsfuß des Zinszeitraumes, der auf die jeweils noch ausstehende Schuld (= Restschuld) erhoben wird.
m	: Anzahl der Zahlungsperioden eines Zinszeitraums.
T	: Tilgungsbetrag, um den die Schuld bzw. Restschuld jeweils im Zinszeitraum getilgt wird.
Z	: Zinsen auf die jeweilige Schuld.
$A = T + Z$	: Aufwand der Zahlungen innerhalb eines Zinszeitraums (= Rückzahlung und anfallende Zinsen); da der Zinszeitraum im allgemeinen ein Jahr beträgt, auch Annuitäten genannt (der Begriff gilt auch dann noch, wenn andere Zinszeiträume gewählt sind).

Bei der Tilgung in Teilbeträgen sind zwei Arten von Verfahren üblich.

1. Ratentilgung:

$T = $ const. : konstante Tilgungsbeträge während der Laufzeit; wegen der fallenden Schuld und den dadurch abnehmenden Zinsen sinkt auch der Annuitätenaufwand $A=T+Z$ mit der Zeit.

2. **Annuitätentilgung:**

A = const. : konstante Zahlungsbeträge während der Laufzeit; mit der Zeit werden wegen der abnehmenden Schuld die Zinsen geringer; die Verringerung der Zinsbeträge (= ersparte Zinsen) kommt der Tilgung zugute, die in gleichem Maße ansteigt.

2. Ratentilgung

2.1 Jährliche Ratentilgung

Beispiel: Eine Schuld S = 9.000,-DM soll in 3 Jahren mit konstanten Tilgungsraten getilgt werden; der Zinsfuß betrage 7%. Die Zahlungen sind jeweils am Jahresende fällig.

→ n = 3 Tilgungsraten

$$\boxed{T = \frac{S}{n}} = \frac{9.000,\text{- DM}}{3} = 3.000,\text{-- DM}.$$

Tilgungsplan:

Jahr n	Restschuld nach Ablauf des Jahres k	Zinsen Z_k	Tilgung T	Annuität A_k
0				
1. Jahr	$R_0 = S = 9.000,\text{- DM}$	$Z_1 = S \cdot \frac{p}{100}$ $= 630,\text{- DM}$	$T = \frac{S}{n} =$ $= 3.000,\text{- DM}$	$A_1 = \frac{S}{n} + S \cdot \frac{p}{100}$ $= 3.630,\text{- DM}$
1				
2. Jahr	$R_1 = S - \frac{S}{n} = S\left(1 - \frac{1}{n}\right)$ $= \frac{S}{n}(n-1) = T(n-1)$ $= 3.000,\text{- DM} \cdot 2$ $= 6.000,\text{- DM}$	$Z_2 = T(n-1)\frac{p}{100}$ $= 420,\text{- DM}$	$T = \frac{S}{n} =$ $= 3.000,\text{- DM}$	$A_2 = T + T(n-1)\cdot\frac{p}{100}$ $= T\left(1+(n-1)\frac{p}{100}\right)$ $= 3.420,\text{- DM}$
2				
3. Jahr	$R_2 = R_1 - T =$ $= T(n-1-1) = T(n-2)$ $= 3.000,\text{- DM} \cdot 1 =$ $= 3.000,\text{- DM}$	$Z_3 = T(n-2)\frac{p}{100}$ $= 210,\text{- DM}$	$T = \frac{S}{n} =$ $= 3.000,\text{- DM}$	$A_3 = T + T(n-2)\cdot\frac{p}{100}$ $= 3.210,\text{- DM}$
3				

→ Schuld S ist am Ende des 3. Jahres zurückgezahlt:
$R_3 = 0$

Fortsetzung des Tilgungsplanes:

		allgemein:			
k-1					
	$R_{k-1} = T(n-(k-1))$	$Z_k = T(n-k+1)$	$T = \dfrac{S}{n}$	$A_k = T+T(n-k+1)$	
	$= T(n-k+1)$	$\cdot \dfrac{p}{100}$		$\cdot \dfrac{p}{100}$	
k-tes Jahr				$A_k =$	
	$R_k =$ Restschuld am Ende des k-ten Jahres			$= T\left[1+(n-k+1)\cdot\dfrac{p}{100}\right]$	
k					
n	$R_n = T(n-n) = 0$	$Z_n = T \cdot \dfrac{p}{100}$	$T = \dfrac{S}{n}$	$A_n = T\left[1 + \dfrac{p}{100}\right]$	

Damit werden die Gesamtaufwendungen in n Jahren zu:

$$A_{ges} = \sum_{k=1}^{n} A_k = \sum_{k=1}^{n}\left(T + T(n-k+1)\cdot\dfrac{p}{100}\right)$$

$$= \sum_{k=1}^{n}\left(T + T(n+1)\cdot\dfrac{p}{100}\right) - \sum_{k=1}^{n} T\cdot\dfrac{p}{100}\cdot k$$

$$= T\left[1 + (n+1)\cdot\dfrac{p}{100}\right]\sum_{k=1}^{n} 1 - T\cdot\dfrac{p}{100}\sum_{k=1}^{n}\cdot k$$

$$= T\left[1 + (n+1)\cdot\dfrac{p}{100}\right]\cdot n - T\cdot\dfrac{p}{100}\cdot\dfrac{n(n+1)}{2}$$

(2. Summe = arithmet. Reihe)

$$A_{ges} = T\cdot n + T\cdot n\dfrac{(n+1)}{2}\cdot\dfrac{p}{100}$$

$$\boxed{A_{ges} = S + S\cdot\dfrac{p}{100}\cdot\dfrac{(n+1)}{2}}\ .$$

Beispiel: Eine Schuld von 240.000,- DM sei in 25 Jahren mit konstanten Tilgungsraten zu tilgen; die Verzinsung erfolge zu 7,5%.

a) Welche Zahlungen sind insgesamt zu leisten?

$$A_{ges} = 240.000,\text{- DM} + 240.000,\text{- DM}\cdot\dfrac{7,5}{100}\cdot\dfrac{(25+1)}{2}$$

$$= 474.000,\text{- DM}\ .$$

b) Wie hoch ist die Restschuld nach 10 Jahren?

k-1 = 10 → k = 11   (= Restschuld am Anfang des 11. Jahres)

$$R_{k-1} = T(n-k+1) = \frac{S}{n}(n-k+1)$$

$$k = 11 \to R_{10} = \frac{240.000,- \text{ DM}}{25} \cdot (25-11+1)$$

$$= 144.000,-- \text{ DM}$$

c) Wieviel Zinsen müssen im 10. Jahr gezahlt werden?

→ Zinsen von der Restschuld am Ende des 9. Jahres

$$Z_k = T(n-k+1) \cdot \frac{p}{100} = \frac{S}{n}(n-k+1) \cdot \frac{p}{100} = R_{k-1} \cdot \frac{p}{100}$$

$$k = 10 \to Z_{10} = 240.000,- \text{ DM} \cdot \frac{25-10+1}{25} \cdot \frac{7,5}{100}$$

$$Z_{10} = 11.520,-- \text{ DM}.$$

Die wichtigsten Formeln der jährlichen Ratentilgung sind in der folgenden Übersicht zusammengefaßt.

Übersicht: Formeln der jährlichen Ratentilgung

Tilgungsbetrag	$T = \frac{S}{n}$
Restschuld nach (k-1) Jahren bzw. am Anfang des k-ten Jahres	$R_{k-1} = T(n-(k-1)) = T(n-k+1)$
Zinsen im k-ten Jahr	$Z_k = T(n-k+1) \cdot \frac{p}{100}$
Annuität im k-ten Jahr	$A_k = T + Z_k$
Gesamtaufwendungen in n Jahren	$A_{ges} = S + S \cdot \frac{p}{100} \cdot \frac{(n+1)}{2}$

In der kaufmännischen Praxis ist es der Übersichtlichkeit wegen üblich, den Rückzahlungsvorgang ausführlich in einem Tilgungsplan mit Angabe der Restschuld, der Zinsen und der Annuitäten darzustellen.

Beispiel: Eine Anleihe von 1.000.000,- DM soll mit 8% verzinst werden und im Verlauf der nächsten fünf Jahre durch gleich große Tilgungsraten getilgt werden. Wie gestaltet sich der Tilgungsplan?

Tilgungsplan:

Jahr	Restschuld am Anfang DM	Tilgung DM	Zinsen DM	Annuität DM
1	1.000.000	200.000	80.000	280.000
2	800.000	200.000	64.000	264.000
3	600.000	200.000	48.000	248.000
4	400.000	200.000	32.000	232.000
5	200.000	200.000	16.000	216.000
Summe	---	1.000.000	240.000	1.240.000

Die Restschuld, die Zinsen und die Annuitäten können entweder unmittelbar dem Tilgungsplan entnommen werden oder durch die entsprechenden Formeln berechnet werden.

- Insgesamt zu leistende Zahlungen:

$$A_{ges} = 1.000.000,- \text{ DM} + 1.000.000,- \text{ DM} \cdot \frac{8}{100} \cdot \frac{6}{2}$$
$$= 1.240.000,-- \text{ DM}$$

- Restschuld nach 2 Jahren:

$$R_2 = 200.000,- \text{ DM } (5-3+1) = 600.000,-- \text{ DM}$$

- Zinsen im 4. Jahr:

$$Z_4 = 200.000,- \text{ DM } (5-4+1) \cdot \frac{8}{100} = 32.000,-- \text{ DM}.$$

2.2 Unterjährliche Ratentilgung

Es ist oft üblich, die Jahreszinsen p und die Laufzeit n anzugeben, aber die Fälligkeit der Raten und die Verzinsung unterjährlich vorzunehmen, wobei Raten- und Zinstermine i.d.R. zusammenfallen.

Beispiel: Eine Schuld S = 9.000,-DM soll in drei Jahren vierteljährlich (m=4) in konstanten Tilgungsraten getilgt werden. Der Jahreszinsfuß betrage 7% bei vierteljährlicher Verzinsung.

→ n·m = 12 Tilgungsraten

$$\boxed{T = \frac{S}{n} : m = \frac{S}{n \cdot m}} = \frac{9.000,- \text{ DM}}{3 \cdot 4} = 750,-- \text{ DM}$$

Periodenzinssatz: $p^* = \frac{p}{m} = 1{,}75$

Effektiver Zinssatz: $p_{eff} = 100\left(\left[1 + \frac{p}{100 \cdot m}\right]^m - 1\right) = 7{,}19$.

Die tatsächliche oder effektive Jahresverzinsung beträgt 7,19%, da vierteljährlich 1,75% Zinsen zu zahlen sind.

Tilgungsplan:

Jahr		Restschuld	Zinsen	Annuität
n	m			
0	0			
		$R_{0,0} = 9.000{,}- \text{ DM}$	$Z_{1,1} = R_{0,0} \cdot \frac{p/m}{100} =$ $= 157{,}50 \text{ DM}$	$A_{1,1} = T + Z_{1,1} = 907{,}50 \text{ DM}$
	1			
		$R_{0,1} = S - T =$ $= 8.250{,}- \text{ DM}$	$Z_{1,2} = R_{0,1} \cdot \frac{p/m}{100} =$ $= 144{,}38 \text{ DM}$	$A_{1,2} = T + Z_{1,2} = 894{,}38 \text{ DM}$
	2			
		$R_{0,2} = S - T \cdot 2 =$ $= 7.500{,}- \text{ DM}$	$Z_{1,3} = 131{,}25 \text{ DM}$	$A_{1,3} = T + Z_{1,3} = 881{,}25 \text{ DM}$
	3			
		$R_{0,3} = S - T \cdot 3 =$ $= 6.750{,}- \text{ DM}$	$Z_{1,4} = 118{,}13 \text{ DM}$	$A_{1,4} = T + Z_{1,4} = 868{,}13 \text{ DM}$
1	4/0			
		$R_{1,0} = S - T \cdot m =$ $= S - T \cdot 4 =$ $= 6.000{,}- \text{ DM}$	$Z_{2,1} = 105{,}00 \text{ DM}$	$A_{2,1} = T + Z_{2,1} = 855{,}00 \text{ DM}$
2	4/0			
		$R_{2,0} = S - T \cdot m \cdot 2 =$ $= 3.000{,}- \text{ DM}$	$Z_{3,1} = 52{,}50 \text{ DM}$	$A_{3,1} = T + Z_{3,1} = 802{,}50 \text{ DM}$
	3			
		$R_{2,3} = S - T \cdot m \cdot 2 - T \cdot 3 =$ $= 750{,}- \text{ DM}$	$Z_{3,4} = 13{,}13 \text{ DM}$	$A_{3,4} = T + Z_{3,4} = 763{,}13 \text{ DM}$
3	4/0			
		$R_{3,0} = 0{,}- \text{ DM}$		

allgemein:

k-1	0			
	l			
		$R_{k-1,l} = S - T \cdot$ $\cdot m(k-1) - T \cdot l$	$Z_{k,l+1} = R_{k-1,l} \frac{p/m}{100}$	$A_{k,l+1} = T + Z_{k,l+1}$
	$l+1$			
k	m			

Restschuld im k-ten Jahr nach Ablauf der l-ten Periode:

$$R_{k-1,l} = S - T \cdot m(k-1) - T \cdot l$$

mit $S = T \cdot m \cdot n$ folgt:

$$\boxed{R_{k-1,l} = T[m(n-k+1) - l]}$$

Zinsen im k-ten Jahr und in der l-ten Periode:

$$Z_{k,l} = R_{k-1,l-1} \cdot \frac{p^*}{100} =$$

$$\boxed{Z_{k,l} = T[m(n-k+1) - l+1] \cdot \frac{p}{m \cdot 100}}$$

Aufwendungen im k-ten Jahr und in der l-ten Periode:

$$A_{k,l} = T + Z_{k,l}$$

$$\boxed{A_{k,l} = T\left\{1 + [m(n-k+1) - l+1] \cdot \frac{p}{m \cdot 100}\right\}}$$

Gesamtaufwendungen:

$$A_{ges} = \sum_{k=1}^{n} \left(\sum_{l=1}^{m} A_{k,l}\right)$$

Bei der Aufsummierung treten nur Summen der folgenden Art auf:

$$a \sum_{i=1}^{N} 1 = a \cdot N \quad \text{und} \quad a \sum_{i=1}^{N} i = a \frac{N(N+1)}{2}.$$

$$A_{ges} = T \cdot \sum_{k=1}^{n} \left\{m + \left[m(n+k-1)+1\right]\frac{p}{m \cdot 100} \cdot m - \frac{p}{m \cdot 100} \sum_{l=1}^{m} l\right\}$$

$$= T\left\{m \cdot n + \frac{p}{100}\left[m(n+1)+1\right]n - \frac{p \cdot m}{100} \sum_{k=1}^{n} k - \frac{p}{m \cdot 100} \frac{m(m+1)}{2} \cdot n\right\}$$

$$= T\left\{m \cdot n + \frac{p}{100}\left[m \cdot n(n+1)+n - m\frac{(n+1)n}{2} - \frac{m+1}{2} \cdot n\right]\right\}$$

$$= T \cdot m \cdot n \left\{1 + \frac{p}{100}\left[\frac{n+1}{2} + \frac{1}{m} - \frac{m+1}{2 \cdot m}\right]\right\}$$

$$\boxed{A_{ges} = S\left\{1 + \frac{p}{100}\left(\frac{n+1}{2} - \frac{m-1}{2 \cdot m}\right)\right\}}$$

Zinsen insgesamt:

$$\boxed{Z_{ges} = S \cdot \frac{p}{100}\left(\frac{n+1}{2} - \frac{m-1}{2m}\right)}$$

Übersicht: Formeln bei unterjährlicher Ratentilgung

Tilgungsbetrag	$T = \dfrac{S}{n \cdot m}$
Restschuld im k-ten Jahr nach Ablauf der l-ten Periode	$R_{k-1,l} = T\{m(n-k+1)-l\}$
Zinsen im k-ten Jahr und in der l-ten Periode	$Z_{k,l} = T\{m(n-k+1)-l+1\} \cdot \dfrac{p}{m \cdot 100}$
Aufwendungen im k-ten Jahr und in der l-ten Periode	$A_{k,l} = T + Z_{k,l} =$ $= T\left\{1+\left[m(n-k+1)-l+1\right] \cdot \dfrac{p}{m \cdot 100}\right\}$
Gesamtaufwendungen	$A_{ges} = S\left\{1 + \dfrac{p}{100}\left(\dfrac{n+1}{2} - \dfrac{m-1}{2 \cdot m}\right)\right\}$

Beispiel: Eine Anleihe von 1.200.000 DM soll zum Jahreszinsfuß 8% halbjährlich verzinst und durch gleichbleibende Tilgungsraten innerhalb der nächsten drei Jahre halbjährlich getilgt werden. Wie gestaltet sich der Tilgungsplan?

Jahr	Halb-jahr	Restschuld am Anfang der Periode DM	Tilgung DM	Zinsen DM	Aufwendung DM
1	1	1.200.000	200.000	48.000	248.000
	2	1.000.000	200.000	40.000	240.000
2	1	800.000	200.000	32.000	232.000
	2	600.000	200.000	24.000	224.000
3	1	400.000	200.000	16.000	216.000
	2	200.000	200.000	8.000	208.000
Summe			1.200.000	168.000	1.368.000

Die Restschuld, die Zinsen und die Aufwendungen können entweder direkt dem Tilgungsplan entnommen werden oder durch die entsprechenden Formeln berechnet werden.

- Restschuld nach Ablauf des 1. Jahres (d.h. im 2. Jahr) und des 1. Halbjahres:

$$R_{1,1} = 200.000,\text{- DM } [2(3-2+1)-1] = 600.000,\text{- DM}$$

- Zinsen im 2. Halbjahr des 3. Jahres:

$$Z_{3,2} = 200.000,\text{- DM } [2(3-3+1)-2+1] \cdot \dfrac{8}{2 \cdot 100} = 8.000,\text{- DM}$$

- Aufwendungen im 2. Halbjahr des 2. Jahres:

$$A_{2,2} = 200.000,\text{- DM } \left\{1 + [2(3-2+1) - 2+1] \cdot \dfrac{8}{2 \cdot 100}\right\} = 224.000,\text{- DM}.$$

3. Annuitätentilgung

Der Nachteil der Ratentilgung, nämlich die ungleichmäßige Jahresbelastung durch Tilgung und Verzinsung, wird durch die Annuitätentilgung vermieden, bei der jedes Jahr die Summe aus Tilgungs- und Zinsbeträgen gleich groß ist. Eine derartige tilgbare Schuld wird als Annuitätenschuld bezeichnet. Die Zinsbelastung fällt infolge des Tilgungsvorganges, während die Tilgungsbeträge steigen.

3.1 Jährliche Annuitätentilgung

Zum Verständnis der Annuitätentilgung geht man wie folgt vor:
Man betrachte zwei Konten, die mit dem gleichen Zinsfuß p verzinst werden; auf dem einen Konto befinde sich die Schuld und wachse zinseszinslich nach n Jahren auf

$$K_n = S\, q^n$$

an.
Die konstanten Aufwendungen A werden auf einem anderen Konto als nachschüssig gezahlte (Spar-) Raten gesammelt und verzinst. Die Raten wachsen in n Jahren auf

$$R_n = A\, \frac{q^n-1}{q-1}$$

an.
Wenn beide Konten den gleichen Betrag aufweisen, dann können sie ausgeglichen werden, und die Schuld ist getilgt.

$$K_n = S\, q^n = R_n = A\frac{q^n-1}{q-1}$$

$$\boxed{\begin{array}{l} S\, q^n = A\, \dfrac{q^n-1}{q-1} \\[6pt] A = S\, q^n\, \dfrac{q-1}{q^n-1} \end{array}}$$

Beispiel: Eine Schuld von 9.000,- DM soll mit Hilfe konstanter jährlicher Aufwendungen (Annuitäten) in drei Jahren getilgt sein; der Zins betrage 7%.
Man berechne die jährlichen Aufwendungen (Annuitäten):

$$A = S \cdot q^n\, \frac{q-1}{q^n-1}$$
$$= 9.000,\text{- DM} \cdot 1{,}07^3\, \frac{0{,}07}{1{,}07^3-1}$$
$$= 3.429{,}46\ \text{DM}\ .$$

Merke: Die Annuität kann auch als nachschüssige Rentenrate r bei gegebenem Rentenbarwert $R_0=S$ betrachtet werden; es ist nämlich

$$r = R_0 \cdot q^n \frac{q-1}{q^n-1}$$

(vgl. Abschnitt C 2.1).

Tilgungsplan:

Jahr	Restschuld	Zinsen	Tilgung
0			
	$R_0 = S$	$Z_1 = S \cdot \frac{p}{100} = S(q-1)$	$T_1 = A - Z_1$
	$= 9.000,-\text{ DM}$	$= S(q-1)\frac{q^n-q^0}{q^n-1}$	$= A\frac{q^n}{q^n} - \frac{A}{q^n}(q^n-q^0)$
1. Jahr		$= \frac{A}{q^n}(q^n-q^0) =$	$= \frac{A}{q^n} \cdot q^0 =$
		$= \frac{3.429,46\text{ DM}}{1,07^3}\left(1,07^3-1\right)$	$= \frac{3.429,46\text{ DM}}{1,07^3} \cdot 1$
		$Z_1 = 630,--\text{ DM}$	$T_1 = 2.799,46\text{ DM}$
1			
	$R_1 = S - T_1$	$Z_2 = R_1 \frac{p}{100} = R_1(q-1)$	$T_2 = A - Z_2$
	$= S\frac{q^n-1}{q^n-1} - \frac{S(q-1)}{q^n-1}$	$= S\frac{(q-1)}{q^n-1} \cdot \left(q^n-q^1\right)$	$= \frac{A}{q^n}\left(q^n-q^n+q^1\right)$
2. Jahr	$= S\frac{q^n-q^1}{q^n-1}$	$= \frac{A}{q^n}\left(q^n-q^1\right)$	$= \frac{A}{q^n} \cdot q^1$
	$= 6.200,54\text{ DM}$	$= 434,04\text{ DM}$	$= 2.995,42\text{ DM}$
2			
	$R_2 = R_1 - T_2$	$Z_3 = R_2(q-1)$	$T_3 = A - Z_3$
	$= S\frac{\left(\left[q^n-q^1\right]-(q-1)q^1\right)}{q^n-1}$	$= S\frac{(q-1)}{q^n-1}\left(q^n-q^2\right)$	$= \frac{A}{q^n}\left(q^n-q^n+q^2\right)$
3. Jahr	$= S\frac{q^n-q^2}{q^n-1}$	$= \frac{A}{q^n}\left(q^n-q^2\right)$	$= \frac{A}{q^n} \cdot q^2$
	$= 3.205,10\text{ DM}$	$= 224,36\text{ DM}$	$= 3.205,10\text{ DM}$
3			
	$R_3 = 0 \to$ Schuld getilgt		

allgemein:

k-1

| k-tes Jahr | $R_{k-1} = S\frac{q^n-q^{k-1}}{q^n-1}$ | $Z_k = \frac{A}{q^n}\left(q^n-q^{k-1}\right)$ | $T_k = \frac{A}{q^n} \cdot q^{k-1}$ |

k

$$\left(\text{mit } \frac{A}{q^n} = \frac{S(q-1)}{q^n-1} \text{ folgt } R_{k-1} = \frac{A}{q^n(q-1)}\left(q^n-q^{k-1}\right).\right)$$

Für die Ermittlung der Tilgungsdauer ist eine Auflösung der Annuitätengleichung nach n erforderlich. Aus

$$S\, q^n = A\, \frac{q^n-1}{q-1}$$

folgt

$$q^n = \frac{A}{A-S(q-1)}.$$

Da $S(q-1) = S \cdot \frac{p}{100} = Z_1$ und $A = T_1 + Z_1$, folgt

$$q^n = \frac{A}{T_1}$$

bzw.

$$\boxed{n = \frac{\ln A - \ln T_1}{\ln q}}$$

Die wichtigsten Formeln für die Annuitätentilgung sind in der nächsten Übersicht zusammengefaßt.

Übersicht: Formeln der Annuitätentilgung

Annuität	$A = S \cdot q^n\, \dfrac{q-1}{q^n-1}$
Restschuld nach k-1 Jahren bzw. am Anfang des k-ten Jahres	$R_{k-1} = S \cdot \dfrac{q^n - q^{k-1}}{q^n - 1}$
Tilgung im k-ten Jahr	$T_k = \dfrac{A}{q^n}\, q^{k-1} = T_1\, q^{k-1}$
Zinsen im k-ten Jahr	$Z_k = A - T_k$
Tilgungsdauer	$n = \dfrac{\ln A - \ln T_1}{\ln q}$
Gesamtaufwendungen	$A_{ges} = n \cdot A$
Gesamte Zinsbelastung	$Z_{ges} = n \cdot A - S$

Beispiel: Eine Anleihe von 1.000.000 DM soll mittels gleichbleibender Annuität zu 4% verzinst und innerhalb der nächsten fünf Jahre getilgt werden. Wie gestaltet sich der Tilgungsplan?

$$A = 1.000.000,\text{- DM}\, (1{,}04)^5\, \frac{1{,}04-1}{1{,}04^5-1}$$
$$= 224.627,\text{-- DM}.$$

Jahr	Restschuld am Anfang der Periode DM	Tilgung DM	Zinsen DM	Annuität DM
1	1.000.000	184.627	40.000	224.627
2	815.373	192.012	32.615	224.627
3	623.361	199.693	24.934	224.627
4	423.668	207.680	16.947	224.627
5	215.988	215.988	8.640	224.627
Summe:		1.000.000	123.136	1.123.135

Nach der Berechnung der Annuität werden die Zinsen von der jeweiligen Restschuld ermittelt. Der Tilgungsbetrag ergibt sich aus der Differenz von Annuität und Zinsen. Die neue Restschuld erhält man aus der Differenz von der alten Restschuld und dem Tilgungsbetrag.

Die Restschuld, die Zinsen, die Tilgung und die gesamte Zinsbelastung können entweder unmittelbar dem Tilgungsplan entnommen werden oder durch die entsprechenden Formeln berechnet werden.

- Restschuld nach 3 Jahren

$$R_3 = 1.000.000,\text{- DM} \cdot \frac{1{,}04^5 - 1{,}04^3}{1{,}04^5 - 1} = 423.668,\text{- DM}$$

- Tilgung im 4. Jahr

$$T_4 = \frac{224.627,\text{- DM}}{1{,}04^5} \cdot 1{,}04^3 = 207.680,\text{- DM}$$

- Zinsen im 2. Jahr

$$Z_2 = 224.627,\text{- DM} - \frac{224.627,\text{- DM}}{1{,}04^5} \cdot 1{,}04^1 = 32.615,\text{- DM}$$

- Insgesamt zu zahlende Zinsen

$$Z_{ges} = 5 \cdot 224.627,\text{- DM} - 1.000.000,\text{- DM} = 123.135,\text{- DM}.$$

Beispiel: Eine Anleihe von 1.000.000 DM soll mit 4% verzinst und mittels einer gleichbleibenden Annuität von 224.627 DM getilgt werden. Wie groß ist die Tilgungsdauer?

Da $Z_1 = 40.000$ DM und $A = 224.627$ DM ist, folgt $T_1 = 184.627$ DM.

Für die Tilgungsdauer ergibt sich

$$n = \frac{\ln 224.627 - \ln 184.627}{\ln 1{,}04} = 5 \text{ Jahre}.$$

Der Zinsfuß p bzw. der Zinsfaktor q wird in gleicher Weise wie bei der Rentenrechnung ermittelt (vgl. C 2.1). Die Umformung der Annuitätengleichung

$$S q^n = A \cdot \frac{q^n-1}{q-1}$$

führt zu

$$F(q) = \frac{1}{q^n} \frac{q^n-1}{q-1} - \frac{S}{A} = 0 \ .$$

Die praktische Lösung erfolgt auch hier durch systematisches Probieren (vgl. C 2.1).

Beispiel: Eine Anleihe von 1.000.000 DM wird in fünf Jahren durch gleichbleibende Annuitäten von 224.627 DM verzinst und getilgt. Wie hoch ist der Zinsfuß?

Lösung: Durch Einsetzen gelangt man zu

$$F(q) = \frac{1}{q^5} \frac{q^5-1}{q-1} - \frac{1.000.000}{224.627} = 0 \ .$$

Durch Probieren (mit Hilfe einer Wertetabelle) erhält man als Lösung $q = 1{,}04$ (p=4).

Merke: Nicht der gesamte Schuldbetrag, sondern nur die jeweilige Restschuld verzinst sich zum Zinsfuß (Effektivzins) p. Die Verzinsung zurückgezahlter Schuldteile hängt von deren Wiederanlage ab.

3.2 Unterjährliche Annuitätentilgung

Die Tilgungsperiode ist kleiner als ein Jahr, z.B. monatliche oder vierteljährliche Annuitätentilgungen. Stimmen Zins- und Tilgungsperiode überein, z.B. halbjährliche Zins- und Tilgungszahlungen, dann behalten die Formeln der jährlichen Tilgung ihre Gültigkeit. Jetzt gibt n aber nicht mehr die Anzahl der Jahre, sondern die Anzahl der Zins- bzw. Tilgungsperioden an.

Fallen dagegen Zins- und Tilgungstermine auseinander, dann ist ein Vorgehen wie im Falle der unterjährlichen nachschüssigen Rentenrechnung erforderlich (vgl. Abschnitte C3.1 und C 3.3). Die Berechnung einer Ersatzrente ist notwendig.

3.2.1 Jährliche Verzinsung

Beispiel: Eine Schuld von 9.000 DM soll durch vierteljährliche konstante Annuitätenraten in 3 Jahren getilgt werden. Der Jahreszinssatz beträgt 7%. Wie groß sind die Vierteljahresraten?

Man löst das Problem mit Hilfe der "Zweikontenbetrachtung" des vorigen Abschnitts: Es handelt sich jetzt um das Ansparen unterjährlicher, einfach verzinster (nachschüssig gezahlter) Raten a zu einer Gesamtannuität A entsprechend der Ersatzrentenrate r_e (vgl. C 3.1), d.h.

$$A = a\left(m + \frac{p}{100} \cdot \frac{m-1}{2}\right)$$

bzw.

$$\boxed{a = \frac{A}{\left(m + \frac{p}{100} \cdot \frac{m-1}{2}\right)} = \frac{S \cdot q^n \cdot \frac{q-1}{q^n-1}}{\left(m + \frac{p}{100} \cdot \frac{m-1}{2}\right)}}$$

a: unterjährliche Annuität
n: Jahre
m: Anzahl der Tilgungen pro Jahr
p: Zinsfuß pro Jahr

Lösung: $S = 9.000,- \text{ DM}$, $n = 3$, $p = 7$, $m = 4$

$$a = \frac{A}{\left(m + \frac{p}{100} \cdot \frac{m-1}{2}\right)} = \frac{S \cdot q^n \cdot \frac{q-1}{q^n-1}}{\left(m + \frac{p}{100} \cdot \frac{m-1}{2}\right)}$$

$$a = \frac{3.429,46 \text{ DM}}{\left(4 + \frac{7}{100} \cdot \frac{3}{2}\right)} = 835,44 \text{ DM}.$$

Der Rückzahlungsvorgang läßt sich übersichtlich durch ein Kapital- und ein Zinskonto darstellen.

Übersicht: Rückzahlungsvorgang bei unterjährlicher Annuität

	Kapitalkonto	DM		Zinskonto DM (p = 7)	
1. Jahr					
Auszahlung	9.000,00	Soll		630,00	(Zinsen für 360 Tage)
1. Rate	835,44	Haben	-	43,86	(Zinsen für 270 Tage)
2. Rate	835,44	Haben	-	29,24	(Zinsen für 180 Tage)
3. Rate	835,44	Haben	-	14,62	(Zinsen für 90 Tage)
4. Rate	835,44	Haben	-	0	(Zinsen für 0 Tage)
Saldo	5.658,24	Soll		542,28	
Zinsbelastung	542,28	Soll			
Saldo	6.200,52	Soll			(Restschuld nach 1 Jahr)
2. Jahr					
Neuer Saldo	6.200,52	Soll		434,04	(Zinsen für 360 Tage)
1. Rate	835,44	Haben	-	43,86	(Zinsen für 270 Tage)
2. Rate	835,44	Haben	-	29,24	(Zinsen für 180 Tage)
3. Rate	835,44	Haben	-	14,62	(Zinsen für 90 Tage)
4. Rate	835,44	Haben	-	0	(Zinsen für 0 Tage)
Saldo	2.858,76	Soll		346,32	
Zinsbelastung	346,32	Soll			
Saldo	3.205,08	Soll			(Restschuld nach 2 Jahren)
3. Jahr					
Neuer Saldo	3.205,08	Soll		224,36	(Zinsen für 360 Tage)
1. Rate	835,44	Haben	-	43,86	(Zinsen für 270 Tage)
2. Rate	835,44	Haben	-	29,24	(Zinsen für 180 Tage)
3. Rate	835,44	Haben	-	14,62	(Zinsen für 90 Tage)
4. Rate	835,44	Haben	-	0	(Zinsen für 0 Tage)
Saldo	- 136,68	Soll		136,64	
Zinsbelastung	136,64	Soll			
Saldo	~ 0				(Restschuld nach 3 Jahren)

Aufgrund der "Zweikontenbetrachtung" kann die Restschuld im k-ten Jahr bzw. nach (k-1) Jahren auch mit der Formel

$$R_{k-1} = S\, q^{k-1} - A\, \frac{q^{k-1}-1}{q-1} = S\, q^{k-1} - a\left(m + \frac{p}{100} \cdot \frac{m-1}{2}\right)\frac{q^{k-1}-1}{q-1}$$

berechnet werden (vgl. auch C 2.3).

Will man die Restschuld am Ende einer Zahlungsperiode ermitteln, die nicht mit dem Ende eines Jahres zusammenfällt, dann ist gemischte Verzinsung anzuwenden.

Berücksichtigt man die Ergebnisse der Abschnitte B 5.5 und C 6, dann ergibt sich für die Restschuld nach (k-1) Jahren bzw. im k-ten Jahr und nach Ablauf der l-ten Periode

$$R_{k-1,l} = S\, q^{k-1}\left(1 + \frac{l}{m}\frac{p}{100}\right) - a\left\{\left(m + \frac{p}{100}\frac{m-1}{2}\right)\frac{q^{k-1}-1}{q-1}\left(1 + \frac{l}{m}\frac{p}{100}\right) \right.$$
$$\left. + \frac{l}{m}\left(m + \frac{p}{100}\frac{l-1}{2}\right)\right\}$$

Beispiel: Berechnen Sie die Restschuld nach 1 1/2 Jahren für o.a. Beispiel.

$S = 9.000,-$ DM, $a = 835{,}44$ DM, $m = 4$, $k = 2$, $l = 2$, $p = 7$

$\rightarrow R_{1,2} = 9.000{,}-$ DM $\cdot\, 1{,}07^1\left(1 + \frac{2}{4}\cdot\frac{7}{100}\right) - 835{,}44$ DM

$\cdot\left\{\left(4 + \frac{7}{100}\cdot\frac{3}{2}\right)\frac{1{,}07-1}{0{,}07}\left(1 + \frac{2}{4}\cdot\frac{7}{100}\right) + \frac{2}{4}\left(4 + \frac{7}{100}\cdot\frac{1}{2}\right)\right\}$

$= 9.967{,}05$ DM $- 5.235{,}01$ DM $= 4.732{,}04$ DM.

Die Restschuld ist auch kontomäßig zu ermitteln:

Kapitalkonto	DM		Zinskonto	DM	(p = 7)
Saldo zu Beginn des					
2. Jahres	6.200,52	Soll		217,02	(Zinsen für 180 Tage)
1. Rate	835,44	Haben	-	14,62	(Zinsen für 90 Tage)
2. Rate	835,44	Haben	-	0	(Zinsen für 0 Tage)
Saldo	4.529,64	Soll		202,40	
Zinsbelastung	202,40	Soll			
Saldo	4.732,04	Soll			(Restschuld nach 1 1/2 Jahren)

Merke: Bei unterjährlicher Annuitätentilgung betragen die Gesamtaufwendungen

$$A_{ges} = n \cdot m \cdot a$$

3.2.2 Unterjährliche Verzinsung

Unterjährliche Verzinsung findet man häufig bei Hypothekendarlehen, für die jährliche Zins- und Tilgungsraten angegeben werden, aber bei denen unterjährliche Aufwendungen und Verzinsungen in der Regel vereinbart sind. Hierbei können beide Perioden sogar unterschiedlich sein. Unterjährliche Verzinsung führt zu einem gegenüber p höheren effektiven Zins.

Beispiel: Eine Schuld von 9.000,- DM soll mit Hilfe vierteljährlich konstanter Annuitäten in drei Jahren getilgt werden. Zins- und Tilgungstermine sind

a) halbjährlich zu p = 3,5
b) vierteljährlich zu p = 1,75
c) monatlich zu p = 7/12.

Wie groß sind die Vierteljahresraten?

Lösung: Ausgangspunkt ist die Formel für die unterjährliche Annuität im vorigen Abschnitt. Wie aber im Fall der unterjährlichen Zins- und Rentenzahlung ist n jetzt die Anzahl der unterjährlichen Zinszeiträume (Halbjahre, Monate, etc.), m die Anzahl der Zahlungen pro Zinszeitraum und p der unterjährliche Periodenzinsfuß.

a) $n = 3 \cdot 2 = 6$ (Halbjahre)
$m = 2$ (Einzahlungen pro Halbjahr)
$p = 3,5$

$$a = \frac{9.000,\text{- DM} \cdot 1,035^6 \frac{0,035}{1,035^6-1}}{\left(2 + \frac{3,5}{100} \cdot \frac{1}{2}\right)} = \frac{1.689,01 \text{ DM}}{2,0175}$$
$$= 837,18 \text{ DM}$$

b) $n = 3 \cdot 4 = 12$ (Vierteljahre)
$m = 1$ (Einzahlung pro Vierteljahr)
$p = 1,75$

$$a = \frac{9.000,\text{- DM} \cdot 1,0175^{12} \frac{0,0175}{1,0175^{12}-1}}{1} = 838,02 \text{ DM}.$$

c) Man kann die Vierteljahresrate auf zwei Wegen ermitteln.
Bei der ersten Alternative berechnet man zuerst die Annuitätsrate pro Verzinsungsperiode
→ $n = 3 \cdot 12 = 36$ (Monate)
$m = 1$
$p = 7/12$.

$$a^* = 9.000,\text{- DM} \left(1 + \frac{7/12}{100}\right)^{36} \frac{7/1200}{\left(1 + \frac{7/12}{100}\right)^{36}-1} = 277,89 \text{ DM}.$$

Die Aufwendungen a* müssen hierbei bis zum Eintreffen der Vierteljahresrate als zu verzinsende Schuld betrachtet werden.
Die Vierteljahresrate ist dann der nachschüssige Rentenendwert der drei Monatsraten bei einem Zinsfuß von p=7/12.

$$a = R_3 = 277,89 \text{ DM} \frac{\left(1 + \frac{7/12}{100}\right)^3 - 1}{\left(1 + \frac{7/12}{100}\right) - 1} = 838,54 \text{ DM}.$$

Bei der zweiten Alternative wird aus der monatlichen Verzinsung die "effektive" Vierteljahresverzinsung berechnet.

Dem monatlichen Zinsfuß p=7/12 entspricht der vierteljährliche Zinsfuß $p = 100\left\{\left(1 + \frac{7/12}{100}\right)^3 - 1\right\} = 1,76$.

Da Verzinsungs- und Tilgungsperiode gleich sind, beträgt für n=12, m=1 und p=1,76

$$a = 9.000,\text{- DM} \cdot 1,0176^{12} \frac{0,0176}{1,0176^{12}-1} = 838,54 \text{ DM}.$$

Bei Hypothekendarlehen mit unterjährlicher Verzinsung gibt es mehrere Varianten in der Vereinbarung. Sie ergeben unterschiedliche effektive Zinssätze und Gesamtaufwendungen. Das folgende Beispiel soll diesen Sachverhalt verdeutlichen.

Beispiel: Einem Bauherrn werden drei Varianten eines Hypothekendarlehens über 300.000 DM zu 7% angeboten. Gesucht sind die Gesamtaufwendungen.

Vereinbarung A:

30 Jahre Laufzeit, monatliche Aufwendungen, jährliche Verzinsung und Tilgung.

Annuität: $A = 300.000,\text{- DM} \cdot 1,07^{30} \cdot \frac{0,07}{1,07^{30}-1} = 24.175,92 \text{ DM}$

monatliche Aufwendungen: $a = \frac{24.175,92 \text{ DM}}{12 + \frac{7}{100} \cdot \frac{11}{2}} = 1.952,03 \text{ DM}$

Gesamtaufwand: $A_{ges} = 1.952,03 \text{ DM} \cdot 12 \cdot 30 = 702.730,80 \text{ DM}$

Zinsaufwand: $Z_{ges} = 402.730,80 \text{ DM}$.

Vereinbarung B:

30 Jahre Laufzeit, monatliche Aufwendungen, vierteljährliche Verzinsung und Tilgung.

$N = 4 \cdot 30 = 120$ Zinsperioden

$p^* = \frac{7}{4} = 1,75$ Vierteljahreszins

Vierteljahresaufwendung: $A^* = 300.000,\text{- DM} \cdot 1,0175^{120} \cdot \frac{0,0175}{1,0175^{120}-1} =$
$= 5.997,95 \text{ DM}$

monatliche Aufwendungen (3 Zahlungen pro Periode):

$$a^* = \frac{A^*}{3 + \frac{1,75}{100} \cdot \frac{2}{2}} = 1.987,72 \text{ DM}$$

Gesamtaufwand: $A_{ges} = 1.987,72 \text{ DM} \cdot 12 \cdot 30 = 715.579,20 \text{ DM}$

Zinsaufwand: $Z_{ges} = 415.579,20 \text{ DM}$.

Merke: Um glatte Beträge zu erhalten, ist es üblich, die Annuität als Prozentsatz (*Prozentannuität*) der ursprünglichen Schuld auszudrücken. Dieser Prozentsatz setzt sich aus dem Zinsfuß p und dem *Tilgungsfuß* t zusammen. Der Tilgungsfuß gilt nur für das erste Jahr, da später die Tilgungsbeträge um die ersparten Zinsen zunehmen.

Ist z.B. S=100.000,- DM, p=8 und t=2, so beträgt die Annuität (p+t)% = 10% der Anfangsschuld, nämlich 10.000,- DM. Bei glatten Annuitätsbeträgen wird i.d.R. eine "krumme" Tilgungsdauer herauskommen. Die Tilgungsdauer berechnet man, indem man die Annuitätengleichung nach n auflöst (vgl. D 3.1).

Vereinbarung C: (Prozentannuität)
Jahresaufwand: 7% Zinsen und 1% Tilgung
$$A = 300.000,\text{- DM} \cdot (0{,}07+0{,}01) = 24.000,\text{- DM}.$$
Unterjährliche Zahlung und unterjährliche Verzinsung beeinflussen etwas die Laufzeit und damit die Gesamtaufwendungen.

Fall a): jährliche Verzinsung und Aufwendungen:

Laufzeit: $300.000,\text{- DM} \cdot 1{,}07^n = 24.000,\text{- DM} \cdot \frac{(1{,}07^n-1)}{0{,}07}$

$0{,}875 \cdot 1{,}07^n - 1{,}07^n = -1$

$1{,}07^n = \frac{1}{0{,}125} = 8$

$n = \frac{lg\ 8}{lg\ 1{,}07} = 30{,}73$ Jahre.

Gesamtaufwand: $A_{ges} = 737.520{,}00$ DM $= 24.000$ DM $\cdot$ 30,73

Zinsaufwand: $Z_{ges} = 437.520{,}00$ DM.

Fall b): jährliche Verzinsung und Tilgung sowie monatliche Aufwendungen:

$$a = \frac{24.000,\text{- DM}}{12 + \frac{7}{100} \cdot \frac{11}{2}} = 1.937{,}83 \text{ DM}$$

Laufzeit: n = 30,73 Jahre

Gesamtaufwand: $A_{ges} = 12 \cdot 30{,}73 \cdot 1.937{,}83$ DM $= 714.594{,}19$ DM

Zinsaufwand: $Z_{ges} = 414.594{,}19$ DM.

(Der kleinere Wert für den Gesamtaufwand (A_{ges}) ist die Folge der Zinsgewinne der Monatsraten.)

Fall c): monatliche Aufwendungen, vierteljährliche Verzinsung und Tilgung p* = 1,75:

$$A = 24.000,\text{- DM} \rightarrow a = \frac{24.000,\text{- DM}/4}{3 + \frac{1{,}75}{100} \cdot \frac{2}{2}} = 1.988{,}40 \text{ DM}$$

Laufzeit: $300.000,\text{- DM} \cdot 1{,}075^N = \frac{24.000,\text{- DM}}{4} \cdot \frac{1{,}075^N-1}{0{,}0175}$

$$N = 119{,}86 \stackrel{\wedge}{=} 120 \text{ Quartale} \stackrel{\wedge}{=} 30 \text{ Jahre}$$

Gesamtaufwand: $A_{ges} = 715.824{,}-- \text{ DM} = 1.988{,}40 \text{ DM} \cdot 12 \cdot 30$

Zinsaufwand: $Z_{ges} = 415.824{,}-- \text{ DM}$

Fall d): monatliche Aufwendungen, monatliche Verzinsung:

$$p^* = \frac{7}{12} = 0{,}583$$

$$a = \frac{24.000{,}- \text{ DM}}{12} = 2.000{,}-- \text{ DM}$$

Laufzeit: $300.000{.}-\text{DM} \cdot 1{,}00583^N = 2.000{,}-\text{DM} \cdot \frac{1{,}00583^N - 1}{0{,}00583}$

$N = 357$

357 Monate $\stackrel{\wedge}{=}$ 29,75 Jahre

Gesamtaufwand: $A_{ges} = 714.000{,}00 \text{ DM} = 2.000{,}- \text{ DM} \cdot 357$

Zinsaufwand: $Z_{ges} = 414.000{,}00 \text{ DM}$.

Zusammenfassung des Beispiels:

Hypothekendarlehen über 300.000,-- DM - Jahreszinsfuß 7%		
Vereinbarung	Gesamtaufwand	Zinsaufwand
A: jährliche Verzinsung, monatliche Aufwendung, Laufzeit = 30 Jahre	702.730,80 DM	402.730,80 DM
B: vierteljährliche Verzinsung, monatliche Aufwendung, Laufzeit = 30 Jahre	715.579,20 DM	415.579,20 DM
C: Prozentannuität (8% = 24.000,- DM) Fall a: jährliche Verzinsung, jährliche Aufwendung, Laufzeit = 30,73 Jahre	737.520,00 DM	437.520,00 DM
Fall b: jährliche Verzinsung, monatliche Aufwendung, Laufzeit = 30,73 Jahre	714.594,19 DM	414.594,19 DM
Fall c: vierteljährliche Verzinsung, monatliche Aufwendung, Laufzeit = 30 Jahre	715.824,00 DM	415.824,00 DM
Fall d: monatliche Verzinsung, monatliche Aufwendung, Laufzeit = 29,75 Jahre	714.000,00 DM	414.000,00 DM

Die Gesamt- und die Zinsaufwendungen variieren teilweise erheblich. Welche Vereinbarung der Darlehensnehmer wählt, hängt aber auch von seinen Liquiditätsverhältnissen und seinen Anlagemöglichkeiten ab. Beispielsweise ist es durchaus denkbar, daß jemand den scheinbar schlechtesten Fall präferiert, nämlich jährliche Aufwendungen bei jährlicher Verzinsung mit Gesamtaufwendungen von 737.520,-- DM, wenn er die Möglichkeit hat, sein Geld hochverzinslich (hier: p > 7) anzulegen. In diesem Fall ist der Anleger durchaus daran interessiert, das Kapital möglichst lange in der rentablen Anlage zu halten, bevor er es als Annuitätenleistung verwendet. Die Frage, welche Vereinbarung getroffen werden soll, kann eigentlich nur im Zusammenhang mit einer Investitionsrechnung bei gegebenem Kalkulationszinsfuß getroffen werden. Da aber für die meisten Privatanleger der zu zahlende Sollzins größer als der zu erzielende Habenzins ist, spielt die Summe der Gesamtaufwendungen doch wieder eine Rolle bei der Entscheidung.

III. Übungsaufgaben

1. Eine KG nimmt einen Kredit über 500.000 DM zu 7% Zins auf. Der Kredit ist in fünf Jahren mit gleichbleibenden Tilgungsraten zu tilgen. Erstellen Sie den Tilgungsplan.

2. Eine GmbH nimmt einen Kredit über 2.000.000 DM zu 10% Zins auf, der mit gleichbleibenden Tilgungsraten in 20 Jahren zu tilgen ist. Berechnen Sie
   a) die Restschuld am Anfang des 10. Jahres,
   b) die Restschuld nach 15 Jahren,
   c) den Zinsbetrag im 12. Jahr,
   d) die Aufwendung im 18. Jahr,
   e) die insgesamt zu zahlenden Zinsen.

3. Eine AG nimmt einen Kredit über 10 Mio. DM auf, der in 10 Jahren mit gleichbleibenden vierteljährlichen Tilgungsraten zu tilgen ist. Der Vierteljahreszins beträgt 2%.
   a) Wie hoch ist der effektive Jahreszins?
   b) Berechnen Sie
      ba) die Restschuld nach 5 3/4 Jahren,
      bb) die Restschuld zu Beginn des 9. Jahres,
      bc) die Zinsen in der 2. Hälfte des 5. Jahres,
      bd) die Aufwendungen im 3. Quartal des 7. Jahres,
      be) die insgesamt zu leistenden Zinsen.

4. Bei einem Kredit, der in zehn gleich großen Tilgungsraten zurückzuzahlen ist, beträgt die Restschuld nach 8 Jahren 200.000 DM. Die Annuität beträgt im 5. Jahr 166.000 DM. Wie hoch ist der Zinsfuß?

5. Ein Kredit über 500.000 DM, der in gleich großen Tilgungsraten zurückzuzahlen ist, wird mit 12% verzinst. Die Zinsen betragen im achten Jahr 25.000 DM. Berechnen Sie die Laufzeit.

6. Ein Kredit über 800.000 DM ist in 8 Jahren mit konstanten vierteljährlichen Tilgungsraten zu tilgen. Die effektive Jahresverzinsung beträgt 12,55%. Erstellen Sie den Tilgungsplan für das 3. Jahr.

7. Eine Schuld von 1 Mio. DM soll in 6 Jahren mit konstanten Annuitäten bei einem Zinssatz von 10% getilgt werden. Wie gestaltet sich der Tilgungsplan?

8. Ein Bauherr nimmt zur Finanzierung seines Hauses ein Hypothekendarlehen über 200.000 DM auf; der Zinssatz beträgt 8% und der Tilgungsprozentsatz 1%.
   a) Berechnen Sie die Laufzeit der Hypothek. (Genauigkeit: 2 Stellen hinter dem Komma)
   b) Erstellen Sie den Tilgungsplan für das 27., 28. und 29. Jahr.
   c) Nach 10 Jahren soll die Hypothek vollständig durch einen Bausparvertrag abgelöst werden (40% Ansparung und 60% Kredit). Wieviel muß der Bauherr monatlich (nachschüssig) sparen, damit die Umschuldung nach 10 Jahren erfolgen kann? Der Guthabenzins der Bausparkasse beträgt 3%.

9. Eine Schuld von 50.000 DM soll innerhalb von 30 Jahren mit gleichbleibenden jährlichen Annuitäten getilgt werden. Berechnen Sie bei einem Zinsfuß von 10%
   a) die Annuität,   b) das Restkapital nach 24 Jahren,
   c) die Tilgung im 18. Jahr,   d) die Zinsen im 14. Jahr,
   e) die gesamten Aufwendungen,   f) die gesamte Zinsbelastung,
   g) das Restkapital im 11. Jahr.

10. Nach 20 Jahren beträgt die Restschuld eines Annuitäten-Kredits, der zu 8% verzinst wird, eine Gesamtlaufzeit von 25 Jahren hat und mit gleich hohen Annuitäten getilgt wird, noch 37.403,27 DM. Erstellen Sie den Tilgungsplan der letzten 5 Jahre.

11. Ein Bausparer tilgt im 4. Jahr 2.444,52 DM seines Bauspardarlehens, welches eine Laufzeit von 11 Jahren hat, mit 5% jährlich verzinst und mit gleich hohen Annuitäten getilgt wird. Wie hoch sind die im 4. Jahr zu zahlenden Zinsen?

12. Ein Kredit über 100.000 DM mit einer Laufzeit von 5 Jahren wird vierteljährlich mit konstanten Annuitäten getilgt. Der Vierteljahreszins beträgt 2%. Berechnen Sie
    a) die Annuität,
    b) das Restkapital nach 1 3/4 Jahren,
    c) die Tilgung im 15. Quartal,
    d) die Zinsen im 20. Quartal,
    e) die gesamte Zinsbelastung.

13. Ein Darlehen von 500.000 DM soll monatlich mit 1% verzinst und in 10 Jahren durch konstante Annuitäten getilgt werden. Wie hoch sind
    a) die Monatsraten?
    b) die Vierteljahresraten?

14. Ein Hypothekendarlehen von 200.000 DM soll in 25 Jahren durch konstante Annuitäten getilgt werden. Der Zins beträgt vierteljährlich 2%. Berechnen Sie
    a) die Monatsraten,
    b) die insgesamt zu zahlenden Zinsen.

15. Der Zinsfuß eines Darlehens über 100.000 DM, welches monatlich mit 1.198 DM zurückzuzahlen ist, beträgt 8% jährlich. Nach wieviel Jahren ist das Darlehen getilgt?

16. Eine Schuld von 200.000 DM wird mit konstanten halbjährlichen Annuitäten von 15.877,60 DM in 10 Jahren getilgt. Wie hoch ist der Jahreszinsfuß?

17. Die Verzinsung für ein Darlehen über 100.000 DM erfolgt halbjährlich. Das Darlehen soll in 6 Jahren mit Hilfe von monatlichen Annuitäten von 1.939,47 DM getilgt werden. Berechnen Sie den Semesterzinssatz.

18. Wie hoch sind die gesamten Zinsaufwendungen einer Schuld von 200.000 DM, die durch halbjährliche Annuitäten von 14.000 DM bei einem Jahreszinsfuß von 7% getilgt wird?

19. Ein Teilzahlungskredit über 10.000 DM soll in 38 Monaten getilgt werden. Monatlich müssen 300 DM zurückbezahlt werden. Bei der Kreditauszahlung fällt eine einmalige Bearbeitungsgebühr von 800 DM an. Berechnen Sie den effektiven Jahreszins bei monatlicher Verzinsung.

20. Ein Unternehmer benötigt genau 100.000 DM für eine Investition. Diesen Betrag möchte er durch ein Bankdarlehen decken, welches zu folgenden Konditionen angeboten wird:

    Zins p.a.   6,1%

    Auszahlung   91,5%

    Laufzeit   10 Jahre.

  a) Wie hoch sind die konstanten Annuitäten?

  b) Welchen Effektivzins bezahlt der Unternehmer?

  c) Wie hoch sind die Gesamtaufwendungen für den Kredit?

21. Eine Annuitätenschuld von 50.000 DM ist monatlich mit 490,38 DM zurückzuzahlen. Die jährliche Verzinsung beträgt 5%.

  a) Berechnen Sie die Laufzeit.

  b) Wie groß ist die Restschuld nach 5 Jahren und 3 Monaten?

22. Ein Kredit über 20.000 DM wird zu 10% Jahreszinsen bei halbjährlicher Verzinsung gewährt. Nach fünf Jahren sollen die Schuld sowie die angefallenen Zinsen zurückbezahlt werden. Jedoch muß am Ende eines jeden Jahres eine Verwaltungsgebühr von 0,5% der Kreditsumme an den Kreditgeber überwiesen werden. Außerdem wird ein Disagio von 3% erhoben. Wie hoch ist die Effektivverzinsung des Kredits?

23. Nach acht Jahren beträgt die Restschuld eines Annuitätenkredits, der zu 8% verzinst wird und eine Gesamtlaufzeit von 10 Jahren hat, noch 2657,60 DM.

  a) Erstellen Sie den Tilgungsplan der letzten beiden Jahre.

  b) Wie hoch sind die insgesamt für den Kredit zu zahlenden Zinsen?

E. KURSRECHNUNG

I. Testaufgaben

1. Bestimmen Sie den Kurswert (Kaufpreis) einer Anleihe über 100 DM mit acht Jahren Laufzeit bei 6% nominaler Verzinsung. Der Marktzinssatz betrage 7%. Die Rückzahlung erfolgt zu pari, d.h. zum Nennwert.

    Lösung: 94,03 DM → E 2.1

2. Bestimmen Sie den Kurswert (Kaufpreis) einer Anleihe über 100 DM mit acht Jahren Laufzeit bei 6% nominaler Verzinsung. Der Marktzinssatz betrage 7%. Die Rückzahlung erfolgt zum Kurs von 105%.

    Lösung: 96,94 DM → E 2.1

3. Eine Nullkupon-Anleihe, die in 10 Jahren zu einem Kurs von 100% zurückbezahlt wird, notiert gegenwärtig zu einem Kurs von 55,84%. Um wieviel Prozent (Prozentpunkte) wird der Kurs zurückgehen, falls das Marktzinsniveau um einen Prozentpunkt steigt?

    Lösung: 8,96% (5 Prozentpunkte) → E 2.2

4. Bestimmen Sie den Kurs einer ewigen Anleihe mit einer Nominalverzinsung von 7%, falls der Marktzins 6% beträgt.

    Lösung: 116,67% → E 3

5. Wie hoch ist der Begebungskurs (Ausgabekurs) einer jährlich rückzahlbaren Annuitätenschuld mit einer Laufzeit von 10 Jahren und einer Nominalverzinsung von 5%, falls der Marktzins bei 6% liegt?

    Lösung: 95,32% → E 4

6. Ein Darlehen von 100.000 DM wird mit einer Nominalverzinsung von 5% angeboten. Die Tilgung beträgt 10.000 DM jährlich. Wie hoch muß das Disagio sein, damit der Gläubiger eine Effektivverzinsung von 6,5% erreicht?

    Lösung: 6490 DM → E 5

7. Eine Industrieobligation mit einer Nominalverzinsung von 7% wird zum Kurs von 95% gekauft. Nach sieben Jahren wird sie zum gleichen Kurs wieder verkauft. Wie hoch war die effektive Verzinsung?

    Lösung: 7,37% → E 6

8. Eine Auslandsanleihe mit einer Restlaufzeit von sieben Jahren weist eine Nominalverzinsung von 11,25% aus. Der gegenwärtige Kurs ist 106%. Die Rückzahlung erfolgt zu 100%. Wie hoch ist die effektive Verzinsung dieser Anlage?

   Lösung: 10,02%   → E 6

9. Wie hoch ist der Ausgabekurs einer Annuitätenschuld mit einer Laufzeit von 10 Jahren und einer Nominalverzinsung von 5%, falls der Marktzinssatz 6% beträgt und die Schuld monatlich zurückbezahlt wird?

   Lösung: 95,75%   → E 4.2

10. Eine Schuld soll in 5 Jahren mit konstanten jährlichen Tilgungsraten getilgt werden. Die Nominalverzinsung betrage 5%. Wie hoch ist die effektive Verzinsung der Schuld, falls der Auszahlungskurs 90% beträgt?

    Lösung: 9,06%   → E 6

11. Bestimmen Sie den Kurs einer Anleihe mit acht Jahren Laufzeit bei halbjährlicher Verzinsung von 3%. Der Marktzinssatz betrage 7%. Die Rückzahlung erfolgt zu 100%.

    Lösung: 94,65%   → E 2.1

II. Lehrtext

1. Definition des Kurses

Staat und Unternehmen decken ihren langfristigen Finanzbedarf i.d.R. mit Anleihen. Die Schuldenaufnahme erfolgt gegen Ausgabe von Schuldverschreibungen, in denen die Ansprüche des Gläubigers verbrieft sind (Staatsanleihen, Bundesobligationen, Kommunalobligationen, Pfandbriefe, Industrieobligationen). Die meisten Anleihen werden zum Nenn- oder Nominalwert von 100 DM oder von 1.000 DM ausgegeben. Sie werden i.d.R. mit einem festen Zinssatz (Nominalzins) ausgestattet. Der Zinssatz bezieht sich auf den Nennwert. Der Kurs, d.h. der Preis, zu dem die Anleihen gehandelt werden, richtet sich nach dem Zinsniveau auf dem Kapitalmarkt (Marktzins). Je höher das Zinsniveau ist, desto geringer sind die Kurse für die festverzinslichen Wertpapiere. Dieser Zusammenhang zwischen Kurs und Marktzins wird im folgenden weiter ausführlich erörtert werden. Die Rückzahlung oder Tilgung der Anleihe erfolgt entweder als Gesamtrückzahlung am Ende der Laufzeit oder als Rückzahlung in Teilbeträgen nach festen Regeln durch Auslosung oder Kündigung. Üblicherweise erfolgt die Rückzahlung zum Nennwert, d.h. zu pari.

Beispiel: Es wird eine Schuldverschreibung von 1.000,- DM auf fünf Jahre zu 5% Zinsen begeben, wobei die Zinsen von 50,- DM jeweils zum Ende eines Jahres ausgezahlt werden; am Ende der Laufzeit erhält man (= Gläubiger) das eingelegte Kapital von 1.000,- DM vom Schuldverschreibungsausgeber (= Schuldner) zurück.

→ $K_0 = 1.000,-$ DM, $p = 5$, $n = 5$

1. Bleibt der Zins am Kapitalmarkt p' (= Marktzins, = Realzins, = Effektivzins) bei 5%, so kann man mit 1.000,- DM überall 50,- DM erwirtschaften → das Geschäft ist normal !

2. Steigt der Marktzins auf 7%, so hätte man jedoch pro Jahr die 50,- DM auch mit $K_0 = \frac{50,-DM}{0,07} = 714,-$ DM erwirtschaften können → das Geschäft ist schlecht !

3. Fällt hingegen der Marktzins auf 3,5%, dann benötigt man allerdings $K_0 = \frac{50,-DM}{0,035} = 1.428,-$ DM, um zu 50,- DM Zinsen pro Jahr zu gelangen → das Geschäft ist gut !

Will man nun mit der Schuldverschreibung handeln - z.B. das Wertpapier von 1.000,- DM verkaufen -, so ist dieses Papier je nach Höhe der Marktzinsen mehr oder weniger als 1.000,- DM wert, d.h. 1.000,- DM auf dem Kapitalmarkt erbringen mehr oder weniger als 50,- DM.

Um dieses "Mehr-oder-weniger-wert-Sein" eines festgeschriebenen Wertpapiers zu erfassen, führt man die Größe "Kurs" ein; dieser Kurs gibt den Momentanwert (= Jetztwert = zur Zeit gültiger Marktwert) eines Wertpapieres oder Geldgeschäftes im Verhältnis zu seinem Nominal- bzw. Nennwert (= genannter, d.h. "aufgedruckter" bzw. vereinbarter Wert) an. Der Kurs wird in Prozent des Nominalwertes angegeben. Mit dem Kurs kann man den Unterschied zwischen (genanntem) Nominalzins und Marktzins feinfühlig anpassen; zudem nimmt der oft rasch wechselnde Marktzins meist "unschöne" Werte, z.B. 6,948%, an.

Da der Kurs immer nur zu Beginn eines Geldgeschäftes von Interesse ist (z.B. Ausgabe oder Verkauf), sind bei seiner Berechnung nur Barwerte (= Momentanwerte, = Jetztwerte) maßgeblich.

$$\text{Kurs in \% : } C = 100\% \cdot \frac{\text{Barwert des Geldgeschäftes, berechnet zum Marktzins p'}}{\text{Barwert des Geldgeschäftes, berechnet zum Nominalzins p}}$$

$$C = 100\% \frac{\text{Marktwert}}{\text{Nennwert}} = 100\% \cdot \frac{K_0'}{K_0}$$

Der Barwert des Geldgeschäftes ist der Barwert aller irgendwann anfallenden Zahlungen (vom Zeitpunkt der Kursberechnung an gezählt); das sind auch Zinsen, Rückzahlungen, Raten, Gebühren, Zuschläge, Gewinnausschüttungen, etc., abgezinst auf das Kursberechnungsdatum.

Es ist offensichtlich, daß bei Gleichheit von Markt- und Nominalzins der Kurs C=100% ist; d.h. die 1.000,- DM sind dann auch 1.000,- DM "wert". Steigt der Marktzins, dann fällt der Kurs unter 100%, andernfalls wird er größer. Weiterhin ist erkennbar, daß im Kurs wegen des Barwertes - im besonderen wegen des Abzinsens der Zahlungen - die Laufzeiten eines Geldgeschäftes enthalten sind. Die folgenden Ausführungen werden zeigen, daß die Kapitalbeträge in die Kursberechnung nicht eingehen.

2. Kurs einer am Ende der Laufzeit zurückzahlbaren Schuld

2.1 Kurs einer Zinsschuld

Beispiel: Ein Wertpapier (Schuldschein, Anleihe, Obligation, etc.) über 1.000,- DM wird auf fünf Jahre ausgegeben und mit 5% verzinst; die anfallenden Zinsen werden zum Ende jeden Jahres ausbezahlt. Während der Ausgabezeit betrage der Marktzins 6%. Zu welchem Kurs (Begebungskurs) muß die Anleihe ausgegeben werden?

→ $K_0 = 1.000,- DM, n = 5, p = 5, p' = 6$

$q = 1 + \frac{5}{100} = 1,05, \; q' = 1,06$.

Zur Lösung des Problems werden die Barwerte aller Zahlungen, u.a. die am Ende des ersten Jahres anfallenden Zinsen, berechnet:

$$Z = K_0 \cdot \frac{p}{100} = K_0(q-1) = 1.000,- DM \cdot 0,05 = 50,- DM \, .$$

Den Barwert der Zinsen zum Marktwert erhält man nach einem Jahr durch Abzinsen mit p'=6

$$Z_0 = \frac{50,-DM}{1,06} = 47,17 \, DM \; ;$$

d.h., die nach einem Jahr zu erwartenden Zinsen von 50,- DM bei 6% Verzinsung sind am Tage der Kursberechnung (= jetzt) 47,17 DM wert.

E. Kursrechnung

Zahlungsschema:

Jahr n	Zahlungen		Barwerte zum Marktzins p'	
0				
1. Jahr	$K_0 \cdot \frac{p}{100} = K_0(q-1) =$	50,-- DM	$\frac{K_0(q-1)}{q'} = \frac{50,\text{-DM}}{1,06} =$	47,17 DM
1				
2. Jahr	$K_0 \cdot \frac{p}{100}$ =	50,-- DM	$\frac{K_0(q-1)}{q'^2} = \frac{50,\text{-DM}}{1,06^2} =$	44,50 DM
2				
3. Jahr	$K_0 \cdot \frac{p}{100}$ =	50,-- DM	$\frac{K_0(q-1)}{q'^3} =$	= 41,98 DM
3				
4. Jahr	$K_0 \cdot \frac{p}{100}$ =	50,-- DM	$\frac{K_0(q-1)}{q'^4} =$	= 39,60 DM
4				
5. Jahr	$K_0 \cdot \frac{p}{100}$ =	50,-- DM	$\frac{K_0(q-1)}{q'^5} =$	= 37,36 DM
	K_0	= 1.000,-- DM	$\frac{K_0}{q'^5} =$	= 747,26 DM
5				

Summe aller Barwerte zum Marktzins:

$$K_0' = \frac{K_0}{q'^5} + K_0(q-1)\left\{\frac{1}{q'^5} + \frac{1}{q'^4} + \frac{1}{q'^3} + \frac{1}{q'^2} + \frac{1}{q'}\right\}$$

$$= \frac{K_0}{q'^5}\left[1 + (q-1)\underbrace{\left\{1 + q' + q'^2 + q'^3 + q'^4\right\}}_{\text{geom. Reihe}}\right]$$

$$= \frac{K_0}{q'^5}\left[1 + (q-1) \cdot \frac{q'^5-1}{q'-1}\right] = 957{,}87 \text{ DM}$$

Summe aller Barwerte zum Nominalzins:

$$q' = q$$

$$K_0 = \frac{K_0}{q^5}\left[1 + (q-1) \cdot \frac{q^5-1}{q-1}\right] = \frac{K_0}{q^5}\left[1 + q^5 - 1\right]$$

$$= K_0$$

→ Kurs: $C = 100\% \cdot \frac{K_0'}{K_0} = 100\% \cdot \frac{957{,}87 \text{ DM}}{1.000{,}\text{-- DM}}$

$C = 95{,}79\%$

Für den allgemeinen Fall erhält man nach n Jahren:

$$K_0' = \frac{K_0}{q'^n}\left[1 + (q-1)\left\{1 + q' + q'^2 + \ldots + q'^{n-1}\right\}\right]$$

bzw.

$$K_0' = \frac{K_0}{q'^n}\left[1 + (q-1)\frac{q'^n - 1}{q' - 1}\right]$$

Für den Kurs einer Zinsschuld folgt

$$C = 100\% \cdot \frac{K_0'}{K_0}$$

bzw.

$$\boxed{C = 100\% \cdot \frac{1}{q'^n}\left\{1 + (q-1)\frac{q'^n - 1}{q' - 1}\right\}}$$

Kurs einer Zinsschuld

Beispiel: $n = 5$, $q = 1{,}05$, $q' = 1{,}06$

$$C = 100\% \cdot \frac{1}{1{,}06^5}\left(1 + 0{,}05 \cdot \frac{(1{,}06^5 - 1)}{0{,}06}\right)$$

$$C = 95{,}79\%.$$

Wird das Wertpapier zu diesem Kurs mit einer Nominalverzinsung von 5% ausgegeben, dann beträgt die Effektivverzinsung gerade 6%; der Kurswert entspricht dem Barwert aller künftigen Zahlungen.

Die Differenz des Ausgabekurses zu 100% nennt man Disagio (ital. = Abschlag, Abgeld). Im vorliegenden Fall beträgt es 100%-95,79%=4,21% bzw. 1. 000 DM - 957,90 DM = 42,10 DM. Dagegen ist das Agio (ital. = Aufgeld) der Betrag, um den der Kurswert eines Wertpapiers den Nennwert übersteigt. Agio und Disagio werden meist in Prozent des Nennwertes ausgedrückt.

Bei der Kursbestimmung spielt das eingesetzte Kapital keine Rolle mehr; der Kurs berechnet sich allein aus Laufzeit des Geldgeschäftes, Markt- und Nominalzins. Werden jedoch am Ende der Laufzeit noch andere Zahlungen geleistet (Prämie, Bonus, Rückzahlung mit Aufgeld, etc.), so sind diese für die Barwertbestimmung über die Laufzeit entsprechend abzuzinsen, d.h. bei einer Prämie P

$$P_0' = \frac{P}{q'^n} \quad \text{bzw.} \quad P_0 = \frac{P}{q^n}$$

$$\rightarrow \boxed{C = 100\% \cdot \frac{K_0' + P_0'}{K_0 + P_0}}$$

mit

$$K_0' = \frac{K_0}{q'^n}\left[1 + (q-1)\cdot\frac{q'^n-1}{q'-1}\right].$$

Durch Umformung der Kursformel erhält man den Kaufpreis (*Kurswert*) einer Zinsschuld als

$$\boxed{\left(K_0' + P_0'\right) = \frac{C\cdot(K_0+P_0)}{100\%}}$$

bzw.

$$\boxed{K_0' = \frac{C\cdot K_0}{100\%}},$$

falls $P_0=0$.

Zusatzbeispiel 1: Das obige Wertpapier (1.000,- DM, n=5, p=5) soll nach drei Jahren Laufzeit verkauft werden; der Marktzins sei nun 3,5%. Für wieviel darf man dieses Papier kaufen?

→ verbleibende Laufzeit $n = 2$

$$C = 100\% \cdot \frac{1}{1,035^2}\left(1 + 0,05 \cdot \frac{(1,035^2-1)}{0,035}\right)$$

$$= 102,85\%$$

→ Kaufpreis: $K_0' = \frac{C\cdot K_0}{100\%} = 1.028,50 \text{ DM}$.

Zusatzbeispiel 2: Für das obige Wertpapier werde nach Ablauf noch ein Bonus von 200,- DM gezahlt. Wieviel ist das Papier nach zwei Jahren wert bei einem Marktzins von 7% ?

→ Restlaufzeit $n = 3$

→ Berechnung der Barwerte:

1. $p' = 7 \rightarrow q' = 1,07$; $P = 200,- \text{DM}$

$$K_0' + P_0' = \frac{K_0}{q'^n}\left\{1 + (q-1)\cdot\frac{q'^n-1}{q'-1}\right\} + \frac{P}{q'^n}$$

$$= \frac{1.000,-\text{DM}}{1,07^3}\left\{1 + 0,05 \cdot \frac{1,07^3-1}{0,07}\right\} + \frac{200,-\text{DM}}{1,07^3}$$

$$= 1.110,77 \text{ DM}.$$

2. $p = 5$, $q = 1{,}05$

$$K_0 + P_0 = K_0 + \frac{P}{q^n} = 1.000{,}\text{-DM} + \frac{200{,}\text{-DM}}{1{,}05^3}$$

$$= 1.172{,}77 \text{ DM}$$

$$\rightarrow C = 100\% \cdot \frac{1.110{,}77 \text{ DM}}{1.172{,}77 \text{ DM}} = 94{,}713\%$$

$$\rightarrow \text{Kaufpreis:} \quad \left(K_0' + P_0'\right) = \frac{C \cdot (K_0 + P_0)}{100\%} = 1.110{,}77 \text{ DM}.$$

Abschließend soll der Kurs einer Zinsschuld ermittelt werden, bei der die Zinszahlungen in m Quoten pro Jahr erfolgen. Auf ausländischen Rentenmärkten findet man häufig Anleihen mit unterjährlicher Kupon- bzw. Zinszahlung.

Beispiel: Eine Anleihe mit einer Laufzeit von 4 Jahren wird zu pari zurückbezahlt. Der Marktzinssatz beträgt 8,5%. Bestimmen Sie den Kurs, falls die Kuponzahlungen

a) jährlich mit 8%

b) halbjährlich mit 4%

c) vierteljährlich mit 2%

erfolgen.

Lösung: Der Marktzinssatz wird in den entsprechenden konformen Periodenzinssatz umgerechnet, d.h.

$$p_k' = 100\left(\sqrt[m]{1 + \frac{p'}{100}} - 1\right).$$

Die periodisierten Markt- und Nominalzinssätze werden in die Kursformel für jährliche Verzinsung eingesetzt, wobei n jetzt aber die Anzahl der Verzinsungen während der Laufzeit angibt.

a) $n = 4$
$p = 8$
$p' = 8{,}5$

$$\rightarrow C = 100\% \cdot \frac{1}{1{,}085^4}\left\{1 + 0{,}08 \cdot \frac{1{,}085^4 - 1}{0{,}085}\right\}$$

$$= 98{,}36\%$$

b) $n = 8$
$p = 4$
$p_2' = 100\left(\sqrt{1 + \frac{8,5}{100}} - 1\right) = 4,163$

$\rightarrow C = 100\% \cdot \frac{1}{1,04163^8}\left\{1 + 0,04 \cdot \frac{1,04163^8 - 1}{0,04163}\right\}$

$= 98,91\%$

c) $n = 16$
$p = 2$
$p_4' = 100\left(\sqrt[4]{1 + \frac{8,5}{100}} - 1\right) = 2,060$

$\rightarrow C = 100\% \cdot \frac{1}{1,0206^{16}}\left\{1 + 0,02 \cdot \frac{1,0206^{16} - 1}{0,0206}\right\}$

$= 99,19\%$

2.2 Kurse von unverzinslichen Schatzanweisungen und Nullkupon-Anleihen

Bei unverzinslichen Schatzanweisungen und Nullkupon-Anleihen (Zerobonds) erfolgt keine Zahlung nominaler Zinsen. Die eigentliche Verzinsung wird im Unterschied zwischen Rückzahlungskurs und Kauf- bzw. Begebungskurs berücksichtigt. Die Ausdrucksweise "unverzinslich" ist irreführend, da die Zinsen bei der Rückzahlung mitvergütet werden.

Den Kurs dieser Art von Wertpapieren erhält man durch Abzinsen der Rückzahlung am Ende der Laufzeit mit dem Marktzins, d.h.

$$\boxed{C = \frac{C_n}{q'^n}}$$

C_n : Rückzahlungskurs zum Zeitpunkt n .

Beispiel: Ein Zerobond, der in 12 Jahren zu einem Kurs von 100% zurückgezahlt wird, notiert gegenwärtig zu einem Kurs von 44,4%. Zu welchem Kurs wird er in zwei Jahren gehandelt, falls dann das Zinsniveau bei 9% liegt?

Lösung: $C = \frac{100\%}{1,09^{10}} = 42,24\%$.

Obwohl die Laufzeit sich um zwei Jahre verkürzt hat, ist der Kurs gesunken; die Ursache ist ein von 7% auf 9% gestiegene Zinsniveau (gegenwärtiger Kurs: $44,4\% = \frac{100\%}{1,07^{12}}$).

2.3 Der Einfluß des Marktzinses auf den Kurs

Der Kurs einer Zinsschuld (Anleihe, Obligation, Pfandbrief, Bond) hängt vom Nominalzins, vom Marktzins, von der Laufzeit und gegebenenfalls von der Prämie bzw. vom Aufgeld ab. Für Anleger ist es wichtig zu wissen, wie sensitiv Kurse auf Zinsänderungen auf dem Kapitalmarkt reagieren.

Beispiel: Das Marktzinsniveau betrage für langfristige Anleihen 7,5% und für kurz- bzw. mittelfristige 7,0%. Man rechnet in einem Jahr mit einem um 1 Prozentpunkt niedrigeren Zinsniveau. Welche der folgenden Anleihen mit einem Nominalwert von 100 DM würden Sie unter Berücksichtigung einer Kuponauszahlung kaufen?

a) 5%-Anleihe mit 5-jähriger Laufzeit, Rückzahlung 100%
b) 5%-Anleihe mit 20-jähriger Laufzeit, Rückzahlung 100%
c) 8%-Anleihe mit 5-jähriger Laufzeit, Rückzahlung 100%
d) 8%-Anleihe mit 20-jähriger Laufzeit, Rückzahlung 100%
e) 5%-Anleihe mit 5-jähriger Laufzeit, Rückzahlung 110%
f) 5%-Anleihe mit 20-jähriger Laufzeit, Rückzahlung 110%
g) 8%-Anleihe mit 5-jähriger Laufzeit, Rückzahlung 110%
h) 8%-Anleihe mit 20-jähriger Laufzeit, Rückzahlung 110%
i) Nullkupon-Anleihe mit 5-jähriger Laufzeit, Rückzahlung zu 100%
j) Nullkupon-Anleihe mit 20-jähriger Laufzeit, Rückzahlung zu 100%.

Das Einsetzen in die Kursformeln für die Zinsschuld und die Nullkupon-Anleihe ergibt die in der folgenden Tabelle aufgeführten Ergebnisse:

	Zeitpunkt 0				Zeitpunkt 1			
	p	p'	n	P(%)	Kurswert DM	p	p'	n	P(%)	Kurswert DM
a)	5	7	5	0	91,80	5	6	4	0	96,53
b)	5	7,5	20	0	74,51	5	6,5	19	0	83,90
c)	8	7	5	0	104,10	8	6	4	0	106,93
d)	8	7,5	20	0	105,10	8	6,5	19	0	116,10
e)	5	7	5	10	98,93	5	6	4	10	104,46
f)	5	7,5	20	10	76,87	5	6,5	19	10	86,92
g)	8	7	5	10	111,23	8	6	4	10	114,85
h)	8	7,5	20	10	107,45	8	6,5	19	10	119,12
i)	-	7	5	0	71,30	-	6	4	0	79,21
j)	-	7,5	20	0	23,54	-	6,5	19	0	30,22

Wie die nachstehende Tabelle zeigt, ist beim Kauf der Nullkupon-Anleihe mit 20-jähriger Laufzeit die Rendite, d.h. der Gesamtertrag, bezogen auf das eingesetzte Kapital, am höchsten.

	Absoluter Kursgewinn zzgl. Kupon	Rendite
a)	9,73 DM (= 4,73 DM + 5,- DM)*	$10,6\% = \left(\frac{9,73 \text{ DM}}{91,80 \text{ DM}} \cdot 100\%\right)^{**}$
b)	14,39 DM	19,3%
c)	10,83 DM	10,4%
d)	19,00 DM	18,1%
e)	10,53 DM	10,6%
f)	15,05 DM	19,6%
g)	11,62 DM	10,4%
h)	19,67 DM	18,3%
i)	7,91 DM	11,1%
j)	6,68 DM	28,4%

*a) 9,73 DM = 96,53 DM - 91,80 DM + 5,- DM Kupon der 5%-Anleihe

**a) $\text{Rendite} = \frac{100\% \cdot (\text{Kursgewinn} + \text{Kupon})}{\text{Eingesetztes Kapital}}$

Merke: Bei einer Verringerung des Marktzinsniveaus steigen die Kurse von festverzinslichen Wertpapieren, bei einer Erhöhung fallen sie. Die Kursveränderung ist im allgemeinen um so größer, je länger die Laufzeit und je niedriger der Nominalzins ist. Langfristige Nullkupon-Anleihen reagieren am heftigsten auf Zinsänderungen.

2.4 Duration und Kurssensitivität

Die Kurssensitivität (-empfindlichkeit) eines Wertpapiers auf Grund von Zinsänderungen kann auch mit Hilfe der Kennzahl Duration abgeschätzt werden.

Die Duration einer am Ende ihrer Laufzeit zurückzahlbaren Zinsschuld berechnet sich, wie in Abschnitt C7 definiert, aus der Summe der gewichteten Zeiten; die Gewichtsfaktoren sind hierbei die jeweiligen Zahlungen (laufende (nominale) Zinsen $K_0(q-1)$ und die Rückzahlschuld K_0), die zu den Marktzinsen ($q'=1+p'/100$) auf den Laufzeitbeginn abgezinst und zum Barwert auf Marktzinsbasis (K_0') ins Verhältnis gesetzt werden.

$$D = \sum_{t=1}^{n} t \left[\frac{(q-1)K_0}{K_0'} \cdot \frac{1}{q'^t} + \frac{K_0}{K_0'} \cdot \frac{1}{q'^n} \right]$$

$$= \frac{K_0}{K_0'} \left\{ (q-1) \sum_{t=1}^{n} \frac{t}{q'^t} + \frac{1}{q'^n} \sum_{t=1}^{n} 1 \right\}.$$

Mit K_0' aus Abschnitt 2.1 und Einsetzen der Summenformeln von Anhang A4 sowie Kürzen von K_0/q'^n folgt:

$$D = \frac{(q-1)\left(q' \frac{q'^n-1}{(q'-1)^2} - \frac{n}{q'-1}\right) + n}{1 + (q-1) \frac{q'^n-1}{q'-1}}.$$

Der Zusammenhang zwischen relativer Kurs- und Zinsänderung ergibt sich, wie am Ende dieses Abschnitts mit Hilfe der Differentialrechnung gezeigt wird, aus folgender Gleichung:

$$\boxed{\frac{dC}{C} = - \frac{dp'}{100+p'} \cdot D = - \frac{D}{100+p'} \cdot p' \cdot \frac{dp'}{p'}}$$

Hierbei sind

$dC \approx \Delta C$, $dp' \approx \Delta p'$ die absoluten,

$\frac{dC}{C} \approx \frac{\Delta C}{C}$, $\frac{dp'}{p'} \approx \frac{\Delta p'}{p'}$ die relativen

Änderungen von Kurs C und Marktzinsfuß p'.

Beispiel: Das Marktzinsniveau betrage 7%. Um wieviel Prozent wird eine 5%-Anleihe mit 5-jähriger Laufzeit bei einer Rückzahlung von 100% in etwa steigen, falls das Zinsniveau um einen Prozentpunkt sinkt?

Lösung:

$$D = \frac{\frac{K_0}{100}\left(1 \cdot \frac{5}{1{,}07} + 2 \cdot \frac{5}{1{,}07^2} + 3 \cdot \frac{5}{1{,}07^3} + 4 \cdot \frac{5}{1{,}07^4} + 5 \cdot \frac{5}{1{,}07^5} + 5 \cdot \frac{100}{1{,}07^5}\right)}{\frac{K_0}{100}\left(\frac{5}{1{,}07} + \frac{5}{1{,}07^2} + \frac{5}{1{,}07^3} + \frac{5}{1{,}07^4} + \frac{5}{1{,}07^5} + \frac{100}{1{,}07^5}\right)}$$

$$= \frac{0{,}05\left(1{,}07 \frac{1{,}07^5-1}{0{,}07^2} - \frac{5}{0{,}07}\right) + 5}{1 + 0{,}05 \frac{1{,}07^5-1}{0{,}07}} = 4{,}52 \text{ Jahre}$$

$$\rightarrow \frac{dC}{C} = - \frac{(-1)}{100+7} \cdot 4{,}52 = 0{,}0422.$$

Bei einer Verringerung des Zinsniveaus von 7 auf 6 Prozent wird das Wertpapier um ca. 4.2% steigen. Exakt berechnet steigt der Kurs von 91,80% auf 95,79%, welches einem prozentualen Anstieg um 4,3% entspricht. Die Approximation durch die Formel wird um so genauer, je kleiner die Zinsänderung ist.

Besonders einfach gestaltet sich die Berechnung der relativen Kursänderung für Nullkuponanleihen, da bei diesen wegen der Nichtverzinsung (q-1=0) die Duration sich zu D=n ergibt

$$\frac{dC}{C} = -\frac{dp'}{100+p'} \cdot n .$$

Beispiel 1: Um wieviel Prozent steigt unter den Annahmen des vorigen Beispiels der Kurs einer Nullkuponanleihe mit 5-jähriger Laufzeit bei einem Rückzahlungskurs von 100%?

Lösung:
$$\frac{dC}{C} = -\frac{(-1)}{100+7} \cdot 5 = 0,047 \stackrel{\wedge}{=} 4,7\% .$$

Beispiel 2: Zehnjährige Bundesanleihe

Schuldner BRD 1987/89	Kupon 6¾ %	Duration 4 Jahre	Marktzinsfuß 6,7 %

↓

Prozentuale Kursänderung der Anleihe bei einem erwarteten Zinsrückgang von 1 Prozentpunkt:
$$-4 \cdot \frac{-0,01}{1,067} = 0,0375 \stackrel{\wedge}{=} 3,75\% .$$

Merke: Die Kursveränderung ist um so höher, je größer die Duration und je geringer das Marktzinsniveau ist.

Ableitung der Formel für die Kurssensitivität:

$$C = 100\% \cdot \frac{1}{q'^n} \left\{ 1 + (q-1) \frac{q'^n - 1}{q'-1} \right\}$$

$$= 100\% \left\{ \frac{1}{q'^n} + \frac{q-1}{q'^n} \sum_{i=1}^{n} q'^{(i-1)} \right\}$$

$$= 100\% \left\{ \frac{1}{q'^n} + (q-1) \sum_{i=1}^{n} \frac{1}{q'^i} \right\}$$

$$\frac{dC}{dq'} = 100\% \left\{ \frac{-n}{q'^{(n+1)}} + (q-1) \sum_{i=1}^{n} \frac{-i}{q'^{(i+1)}} \right\}$$

$$= -100\% \cdot \frac{1}{q'} \left\{ \frac{n}{q'^n} + (q-1) \sum \frac{i}{q'^i} \right\}$$

$$= -100\% \cdot \frac{1}{q'} \left\{ \frac{n}{q'^n} + (q-1) \cdot \frac{1}{q'^n} \left[q' \frac{q'^n - 1}{(q'-1)^2} - \frac{n}{q'-1} \right] \right\}.$$

Hieraus wird nach Multiplikation mit q'/C:

$$\frac{dC}{dq'} \cdot \frac{q'}{C} = - \frac{n + (q-1) \left\{ q' \frac{q'^n - 1}{(q'-1)^2} - \frac{n}{q'-1} \right\}}{1 + (q-1) \frac{q'^n - 1}{q'-1}} = -D$$

$$\rightarrow \boxed{\frac{dC}{C} = - \frac{dq'}{q'} D = - \frac{dp'}{100+p'} D}$$

wobei $\quad q' = 1 + \frac{p'}{100} \quad$ und $\quad dq' = \frac{dp'}{100}$.

3. Kurs einer ewigen Anleihe

Abgesehen von wenigen Ausnahmen, haben Anleihen alle eine begrenzte Laufzeit. Bei Anleihen mit ewiger Laufzeit ist eine Rückzahlung der Schuld nicht zugesagt. Den Kurs einer ewigen Anleihe erhält man, wenn in der Kursformel aus dem vorigen Abschnitt $n \to \infty$ geht.

$$\boxed{C = 100\% \cdot \frac{q-1}{q'-1} = 100\% \cdot \frac{p}{p'}}.$$

Die Kursformel für die ewige Rente wird in der Praxis zur ungefähren Abschätzung der Kurse von Wertpapieren mit langer Laufzeit verwendet.

Beispiel: Ein Pfandbrief mit einer Restlaufzeit von a) 25, b) 50, c) 100 Jahren und einer Nominalverzinsung von 5% soll verkauft werden. Der Marktzins liege bei 6%. Zu welchem Kurs wird das Wertpapier gehandelt?

- ungefähre Abschätzung

$$C = 100\% \cdot \frac{5}{6} = 83{,}33\%$$

- exakte Berechnung

$$C = 100\% \cdot \frac{1}{1{,}06^n}\left(1 + 0{,}05 \cdot \frac{(1{,}06^n-1)}{0{,}06}\right)$$

a) n = 25   C = 87,22%

b) n = 50   C = 84,24%

c) n = 100 C = 83,38% .

4. Kurs einer Annuitätenschuld

4.1 Jährliche Annuitätenzahlung

Eine Annuitätenschuld ist dadurch gekennzeichnet, daß zu jedem Tilgungstermin gleich hohe Aufwendungen für Zinsen und Tilgung zu zahlen sind.

Beispiel: Ein Darlehen habe eine Laufzeit von n Jahren; die Annuität sei jährlich fällig; der Zinssatz sei mit 6% festgeschrieben. Wie hoch muß der Auszahlungskurs sein, wenn der Marktzins (über die Laufzeit geschätzt) 7,5% beträgt?

Die n Annuitätenzahlungen besitzen bezüglich des Nominalzinssatzes den Barwert K_0 und bezüglich des Marktzinssatzes den Barwert K_0'. Die Barwerte berechnen sich aus der Summe der Barwerte aller Zahlungen bzw. Annuitäten:

$$K_0 = \frac{A}{q} + \frac{A}{q^2} + \frac{A}{q^3} + \ldots + \frac{A}{q^{n-1}} + \frac{A}{q^n} = \frac{A}{q^n}\underbrace{\left(q^{n-1} + q^{n-2} + \ldots + q + 1\right)}_{\text{geom. Reihe}}$$

$$K_0' = \frac{A}{q'} + \frac{A}{q'^2} + \frac{A}{q'^3} + \ldots + \frac{A}{q'^{n-1}} + \frac{A}{q'^n} = \frac{A}{q'^n}\left(q'^{n-1} + q'^{n-2} + \ldots + q' + 1\right)$$

$$K_0 = \frac{A}{q^n} \cdot \frac{q^n-1}{q-1} = S \quad \text{(Schuld)}$$

$$K_0' = \frac{A}{q'^n} \cdot \frac{q'^n-1}{q'-1}$$

$$C = 100\% \cdot \frac{K_0'}{K_0} = 100\% \cdot \frac{\frac{A}{q'^n} \cdot \frac{q'^n-1}{q'-1}}{\frac{A}{q^n} \cdot \frac{q^n-1}{q-1}}$$

$$\boxed{C = 100\% \cdot \frac{q^n(q-1)(q'^n-1)}{q'^n(q'-1)(q^n-1)}}$$

Kurs einer Annuitätenschuld

Beispiel: $n = 10$; $p = 6$; $p' = 7{,}5$

(p' sollte vernünftigerweise eine Schätzung über die 10 Jahre repräsentieren.)

$$C = 100\% \cdot \frac{1{,}06^{10} \cdot 0{,}06(1{,}075^{10}-1)}{1{,}075^{10} \cdot 0{,}075(1{,}06^{10}-1)} = 93{,}26\%.$$

Das Darlehen wird zu 93,26% seiner Summe ausgezahlt.

Merke: Für die Kursbestimmung sind weder die Darlehenssumme noch die Höhe der Annuitäten von Bedeutung. Das Damnum (lat. = Schaden) oder das Darlehensabgeld ist der Unterschiedsbetrag zwischen dem Nennbetrag eines Darlehens und dem tatsächlich an den Darlehensnehmer gezahlten Betrag.

4.2 Unterjährliche Annuitätenzahlung

Hier müssen wie unter D 3.2 zwei Gruppen unterschieden werden.

4.2.1 Jährliche Verzinsung

In die Kursformel des vorigen Abschnitts werden die jährlichen Gesamtannuitäten, die sich aus den einfach verzinsten unterjährlichen Annuitäten ergeben, eingesetzt:

für $K_0 \rightarrow A = a\left(m + \frac{p}{100} \cdot \frac{m-1}{2}\right)$

für $K_0' \rightarrow A' = a\left(m + \frac{p'}{100} \cdot \frac{m-1}{2}\right)$

$$\rightarrow \boxed{\tilde{C} = \frac{m + \frac{p'}{100} \cdot \frac{m-1}{2}}{m + \frac{p}{100} \cdot \frac{m-1}{2}} \cdot C}$$

C = Kurs bei jährlicher Annuitätenzahlung

Beispiel: Ein Darlehen habe eine Laufzeit von 10 Jahren; die Annuität sei vierteljährlich fällig; der Zinssatz sei mit 6% festgeschrieben. Berechnen Sie den Auszahlungskurs bei einem Marktzins von 7,5%.

$$\tilde{C} = \frac{4 + \frac{7,5}{100} \cdot \frac{3}{2}}{4 + \frac{6}{100} \cdot \frac{3}{2}} \cdot 93,26\% = 93,77\%.$$

4.2.2 Unterjährliche Verzinsung

In diesem Fall muß sorgfältig der jeweilige Variantentyp berücksichtigt werden beim Abzinsen der Zahlungen.

Im einfachen Falle, bei dem die Fälligkeit des Zinses und der Annuität zusammenfallen, ergibt sich das folgende:

Nominalzins p → unterjährlicher Zins $\frac{p}{m} = p^*$

Marktzins p' → unterjährlicher Zins $\frac{p'}{m} = p^{*'}$

Zahl der Zinszeiträume: $N = n \cdot m$

Diese Situation entspricht der jährlichen Annuitätentilgung, wobei q, q' durch q*, q*' und n durch n·m ersetzt sind:

$$\boxed{C = 100\% \cdot \frac{q^{*n \cdot m}(q^*-1)(q^{*'n \cdot m}-1)}{q^{*'n \cdot m}(q^{*'}-1)(q^{*n \cdot m}-1)}}$$

Beispiel: Ein Darlehen habe eine Laufzeit von 10 Jahren; die Annuität sei vierteljährlich fällig. Der Nominalzinssatz betrage vierteljährlich 1,5% und der Marktzinssatz vierteljährlich 1,875%. Berechnen Sie den Auszahlungskurs.

$$C = 100\% \cdot \frac{1,015^{40} \cdot 0,015(1,01875^{40}-1)}{1,01875^{40} \cdot 0,01875(1,015^{40}-1)} = 93,48\%.$$

5. Kurs einer Ratenschuld

5.1 Jährliche Ratentilgung

Bei einer Ratenschuld wird die ursprüngliche Schuld in gleichbleibenden Tilgungsraten zurückbezahlt. Die Annuitäten verringern sich im Laufe der Zeit, da mit abnehmender Restschuld die Zinszahlungen kleiner werden.

Die Barwerte K_0 bzw. K_0' erhält man durch Abzinsen der Annuitäten A_i und Aufsummieren:

```
|————+————+————+———— // ————+———— // ————|
Jahr  0    1    2         k             n
```

$$K_0 = \frac{A_1}{q^1} + \frac{A_2}{q^2} + \ldots + \frac{A_k}{q^k} + \ldots + \frac{A_n}{q^n} = S = T \cdot n$$

$$K_0' = \frac{A_1}{q'^1} + \frac{A_2}{q'^2} + \ldots + \frac{A_k}{q'^k} + \ldots + \frac{A_n}{q'^n}$$

$$K_0' = \sum_{k=1}^{n} \frac{A_k}{q'^k} = \sum_{k=1}^{n} \frac{T+T(n-k+1)\frac{p}{100}}{q'^k}$$

$$= \frac{S}{n}\left(1 + (n+1)\frac{p}{100}\right) \sum_{k=1}^{n} \frac{1}{q'^k} - \frac{S}{n} \cdot \frac{p}{100} \sum_{k=1}^{n} \frac{k}{q'^k}$$

$$= \frac{S}{n}\left(1 + (n+1)\frac{p}{100}\right) \cdot \frac{1}{q'^n} \frac{q'^n-1}{q'-1} - \frac{S}{n} \frac{p}{100} \sum_{k=1}^{n} \frac{k}{q'^k}$$

$$C = 100\% \cdot \frac{K_0'}{K_0} = 100\% \frac{K_0'}{S}$$

Für $\sum_{k=1}^{n} \frac{k}{q'^k}$ gilt die Summenformel

$$\sum_{k=1}^{n} \frac{k}{q'^k} = \frac{1}{q'^n}\left[\frac{q'(q'^n-1)}{(q'-1)^2} - \frac{n}{q'-1}\right] \quad \text{(vgl. Anhang A: 5d)}.$$

Durch Einsetzen und Umformen sowie der Verwendung von $q'-1 = \frac{p'}{100}$ erhält man

$$\boxed{C = \frac{100\%}{n \cdot q'^n}\left[\frac{q'^n-1}{q'-1}\left(1 - \frac{p}{p'}\right) + nq'^n \cdot \frac{p}{p'}\right]}$$

Beispiel: Eine Schuld $S = 9.000$ DM soll in drei Jahren mit konstanten Tilgungsraten getilgt werden. Die Nominalverzinsung sei 7%, während der Marktzins 8% betrage. Wie hoch ist der Auszahlungskurs?

$$C = \frac{100\%}{3 \cdot 1{,}08^3}\left[\frac{1{,}08^3-1}{0{,}08}\left(1 - \frac{7}{8}\right) + 3 \cdot 1{,}08^3 \cdot \frac{7}{8}\right] = 98{,}24\%.$$

5.2 Unterjährliche Ratentilgung

Wenn die Fälligkeit von Tilgung und Zinsen gleichzeitig erfolgt, so kann man die Formel des vorigen Abschnitts verwenden, indem man n durch n·m, p durch p/m sowie p' durch p'/m ersetzt; desgleichen muß q' mit $q^{*'} = 1 + \frac{p'/m}{100}$ substituiert werden. Diese Situation entspricht der jährlichen Ratentilgung mit n·m Zinszeiträumen zum jeweiligen Periodenzins.

6. Rentabilitätsrechnung

Zwischen Marktzins (= Effektivzins, Realzins, Rendite, Rentabilität) und Kurs besteht ein Zusammenhang. Zu jedem Marktzins p' gehört ein bestimmter Kurs C und umgekehrt. Ist der Kurs C gegeben, so kann der Marktzins oder die Rentabilität p' berechnet werden.

Fall 1: Rentabilität einer ewigen Anleihe

Die Auflösung der Kursformel der ewigen Anleihe führt zu

$$\boxed{p' = 100\% \frac{p}{C}}.$$

Beispiel: Eine ewige Anleihe mit einer Nominalverzinsung von 5% notiert zum Kurs von $83\frac{1}{3}\%$. Wie hoch ist die Rentabilität?

Lösung: $p' = 100\% \cdot \dfrac{5}{83\frac{1}{3}\%} = 6$.

Merke: Die Formel $p' = 100\% \cdot \frac{p}{C}$ wird oft benutzt, um auch für Anleihen mit begrenzter Laufzeit den Zinsertrag abzuschätzen. In diesem Zusammenhang nennt man p' *laufende Rendite*. Als brauchbare Annäherung für die Effektivverzinsung kann sie nur bei langfristigen Anleihen benutzt werden.

Fall 2: Rentabilität einer Anleihe, deren Kauf- und Verkaufskurs übereinstimmt.

Stimmen bei einer Anleihe Kauf- und Verkaufskurs überein, so kann zur Berechnung der Effektivverzinsung p' die Rentabilität der ewigen Anleihe herangezogen werden, da der Kurs einer ewigen Anleihe sich im Zeitablauf (bei konstantem Marktzins) nicht verändert, d.h.

$$\boxed{p' = 100\% \frac{p}{C}}$$

Beispiel: Ein 5-prozentiges Wertpapier wird zum Kurs von 83,33% gekauft und nach vier Jahren (vier Zinstermine) zum gleichen Kurs wieder verkauft. Wie hoch ist die Effektivverzinsung?

Lösung: $p' = 100\% \cdot \dfrac{5}{83,33\%} = 6$.

Die laufende Rendite ist in diesem speziellen Fall die Effektivverzinsung des Wertpapiers, da die Rückzahlung von 83,33 DM zum Erwerb einer ewigen Anleihe gleichen Kurses verwendet werden kann.

Fall 3: Rentabilität einer Nullkupon-Anleihe

Löst man die Kursformel für eine Nullkupon-Anleihe nach q' auf, so erhält man

$$q' = \sqrt[n]{\dfrac{C_n}{C}}$$

bzw.

$$\boxed{p' = \left(\sqrt[n]{\dfrac{C_n}{C}} - 1\right) \cdot 100}$$

Beispiel: Ein Zerobond, der in 12 Jahren zu einem Kurs von 100% zurückgezahlt wird, notiert gegenwärtig zu 44,4%. Berechnen Sie die effektive Verzinsung.

Lösung: $p' = \left(\sqrt[12]{\dfrac{100\%}{44,4\%}} - 1\right) \cdot 100 = 7$.

Fall 4: Rentabilität einer Zinsschuld

Die algebraische Auflösung der Kursformel

$$C = 100\% \cdot \dfrac{1}{q'^n}\left(1 + (q-1)\dfrac{q'^n - 1}{q' - 1}\right)$$

nach p' führt zu einer Gleichung höheren Grades, so daß die Lösung durch systematisches Probieren erfolgt. Das Vorgehen läßt sich am besten an einem Beispiel zeigen.

Beispiel: Eine Anleihe mit einer Nominalverzinsung von 5% wird zu einem Kurs von 95,79% erworben und nach sechs Jahren zu einem Kurs von 100% verkauft. Wie hoch ist die Rentabilität der Anlage?

Lösung: Ausgangspunkt ist die Kursformel

$$95{,}79\% = 100\% \cdot \frac{1}{q'^6}\left(1 + 0{,}05 \cdot \frac{q'^6-1}{q'-1}\right).$$

Durch Probieren gelangt man zu der Lösung $q' = 1{,}0585$; d.h., die Effektivverzinsung ist $p' = 5{,}85$. Als Startwert für das Probieren eignet sich z.B. die laufende Rendite $p' = \frac{p}{C} \cdot 100 = 5{,}22$.

In der Bank- und Börsenpraxis existiert zur Berechnung der Rendite von Anleihen eine einfache Faustformel. Man addiert zur laufenden Rendite eine Korrekturgröße, welche die Differenz zwischen Kauf- und Rückzahlungskurs gleichmäßig auf die Laufzeit verteilt und auf den Kaufkurs bezieht

$$\boxed{p' = 100\% \frac{p}{C} + \frac{100}{C} \cdot \frac{C_n - C}{n}} \quad \begin{array}{l} C : \text{Kaufkurs} \\ C_n : \text{Rückzahlungskurs} \end{array}$$

$$\left[\text{Rendite} = \frac{\text{laufende}}{\text{Verzinsung}} + \frac{100}{\text{Kurs}} \cdot \frac{\text{Disagio (Agio)}}{\text{Laufzeit}}\right]$$

Diese Faustformel folgt aus der Näherung

$$q'^n = \left(1 + \frac{p'}{100}\right)^n \approx 1 + n\frac{p'}{100}$$

und ist um so genauer, je kleiner p' ist.

Hieraus folgt für das obige Beispiel

$$p' = 100\% \frac{5}{95{,}79\%} + \frac{100}{95{,}79\%} \cdot \frac{100\% - 95{,}79\%}{6} = 5{,}95.$$

Die Formel liefert nur Näherungswerte (5,95%) für die exakten Ergebnisse (5,85%). Sie dient jedoch der schnellen Überschlagsrechnung und kann als Startwert für das Probierverfahren verwendet werden.

Beispiel: Eine DM-Auslandsanleihe mit einem Nominalzins von 8% und einer Restlaufzeit von 3,7 Jahren wird zu einem Kurs von 106,75% gehandelt. Wie hoch ist die Rentabilität der Anlage, wenn die Rückzahlung zu pari (zum Nennwert 100) erfolgt?

Lösung: 1. laufende Rendite:

$$p' = \frac{8}{106{,}75\%} \cdot 100\% = 7{,}49$$

2. Effektivverzinsung nach der Faustformel:

$$p' = 7{,}49 - 1{,}71 = 5{,}78$$

3. Lösung durch Probieren:

Man erhält durch Probieren 5,92%.

Fall 5: Rentabilität (Effektivverzinsung) einer Annuitätenschuld

Wie im vorigen Fall kann eine Lösung auch hier wieder durch systematisches Probieren gefunden werden.

Beispiel: Eine mit einem nominellen Zinssatz von 6% ausgestattete Annuitätenschuld hat eine Laufzeit von 10 Jahren. Tilgung und Verzinsung erfolgen jährlich. Wie hoch ist die effektive Verzinsung der Schuld bei einem Ausgabekurs von 95%?

Lösung: Zur Lösung wird die Kursformel für die Annuitätenschuld

$$C = 100\% \frac{q^n(q-1)(q'^n-1)}{q'^n(q'-1)(q^n-1)}$$

herangezogen. Durch Einsetzen erhält man

$$95\% = 100\% \frac{1{,}06^{10}(1{,}06-1)}{1{,}06^{10}-1} \cdot \frac{(q'^{10}-1)}{q'^{10}(q'-1)}$$

bzw.

$$6{,}992 = \frac{q'^{10}-1}{q'^{10}(q'-1)}.$$

Probieren ergibt q'=1,071 bzw. p'=7,10, d.h., der Effektivzinsfuß beträgt 7,1%.

Näherungswerte liefert folgende Faustformel:

$$\text{Effektivzinsfuß} = 100 \cdot \frac{\text{Kreditzinsfuß} + \frac{\text{Damnum (in Prozent)}}{\text{Laufzeit}}}{\text{Ausgabekurs}}.$$

Im vorliegenden Beispiel ergibt die Faustformel:

$$p' = \frac{6 + \frac{5}{10}}{95} \cdot 100 = 6{,}95.$$

Fall 6: Rentabilität (Effektivverzinsung) einer Ratenschuld

Beispiel: Eine Schuld soll in drei Jahren mit konstanten jährlichen Tilgungsraten getilgt werden. Die Nominalverzinsung beträgt 7%. Wie hoch ist die effektive Verzinsung der Schuld bei einem Auszahlungskurs von 98,24%?

Lösung: Durch Einsetzen in die Kursformel einer Ratenschuld (vgl. 5.1) erhält man

$$g(q') = 98{,}24\% = \frac{100\%}{3 \cdot q'^3} \left(\frac{q'^3-1}{q'-1} \left(1 - \frac{7}{p'}\right) + 3q'^3 \cdot \frac{7}{p'} \right).$$

Ohne die Gleichung umzuformen, werden Werte für q' bzw. p' in die Gleichung eingesetzt, wobei berücksichtigt wird, daß p'>p=7 ist, da der Ausgabekurs unter 100% liegt.

Mit Hilfe einer Wertetabelle erhält man q'=1,08 bzw. p'=8 als Lösung.

Wertetabelle:

p'	q'	g(q')	Bemerkung
7,5	1,075	98,73	zu klein
8,5	1.085	97,38	zu groß
8,0	1,08	98,24	Lösung

III. Übungsaufgaben

1. Eine 100-DM-Anleihe, die in 5 Jahren fällig ist, verzinst sich mit 7%. Wie hoch ist ihr Kurswert bei einem Marktzins von 6%, falls die Rückzahlung
   a) zu pari
   b) zu 103%
   erfolgt?

2. Eine Industrieobligation wird in 4 Jahren zu pari zurückbezahlt. Markt- und Nominalverzinsung sind gleich hoch. Welchen Kurs hat die Obligation?

3. Eine Zinsschuld über 1 Million DM wird auf 5 Jahre ausgegeben und mit 5% verzinst. Der Marktzins sei 6%. Der Bezugskurs soll 100% betragen. Wie hoch ist das Tilgungsaufgeld?

4. Ein Anleger besitzt einen Pfandbrief, der mit 7% verzinst und in 11 Jahren zu pari fällig ist. Das Marktzinsniveau betrage heute 7%. Um wieviel Prozent wird der Pfandbrief in einem Jahr niedriger notieren, wenn dann das Marktzinsniveau auf 8% gestiegen ist?

5. Ein Portfoliomanager einer Versicherung rechnet bei einem Marktzinsniveau von 7% mit einem baldigen Zinsrückgang um einen Prozentpunkt. Soll er einen größeren Geldbetrag in 5%-Anleihen mit einer Restlaufzeit von 20 Jahren oder in 8%-Anleihen mit einer Restlaufzeit von 4 Jahren anlegen? (Begründung!)

6. Ein Zerobond, der in 30 Jahren zurückbezahlt wird, notiert gegenwärtig zu einem Kurs von 13,13%. Zu welchem Kurs wird er in zwei Jahren gehandelt, falls dann das Zinsniveau um zwei Prozentpunkte höher liegt?

7. Bei einem Marktzinsniveau von 6% soll eine Anleihe mit ewiger Laufzeit und einem Nominalzins von 8% begeben werden. Wie hoch ist der Ausgabekurs?

8. Eine Anleihe mit einer jährlichen Nominalverzinsung von 8% und einer Restlaufzeit von fünf Jahren wird zu einem Kurs von 95% gehandelt. Die Rückzahlung erfolgt zu 100%. Wie hoch ist
   a) die laufende Rendite?
   b) die Effektivverzinsung?

9. Wie hoch ist der Ausgabekurs einer jährlich rückzahlbaren Annuitätenschuld mit einer Laufzeit von 8 Jahren und einer Nominalverzinsung von 6%, falls der Marktzins bei 7% liegt?

10. Eine Annuitätenschuld über 200.000 DM wird mit 6% verzinst und in 7 Jahren zurückgezahlt. Der Marktzins betrage 7%.
    a) Wie hoch ist der Auszahlungsbetrag bei
       aa) jährlicher
       ab) vierteljährlicher
       ac) monatlicher
       Rückzahlung?
    b) Wie hoch sind die monatlichen Aufwendungen?
    c) Wie hoch ist die effektive Verzinsung, falls die Schuld monatlich zurückbezahlt wird?

11. Eine Annuitätenschuld über 50.000 DM wird mit 6% verzinst und in 6 Jahren zurückgezahlt. Der Auszahlungsbetrag ist 45.000 DM. Wie hoch ist die Effektivverzinsung bei
    a) jährlicher
    b) monatlicher
    Rückzahlung?

12. Ein Unternehmer benötigt für den Kauf einer Maschine 100.000 DM. Seine Bank bietet ihm einen Ratenkredit mit einer Nominalverzinsung von 6% und einer Laufzeit von fünf Jahren an. Das Marktzinsniveau beträgt 8%. Wie hoch ist der aufzunehmende Bankkredit bei jährlicher Rückzahlung?

13. Eine Schuld über 50.000 DM mit einer Laufzeit von 5 Jahren und einer Nominalverzinsung von 7% wird bei jährlicher Rückzahlung zur Verfügung gestellt. Es soll eine Effektivverzinsung von 8% erzielt werden. Berechnen Sie die Höhe des Damnums bei einer
    a) Ratenschuld
    b) Annuitätenschuld.

14. Eine Ratenschuld über 200.000 DM soll in 5 Jahren bei einer Nominalverzinsung von 5% jährlich zurückgezahlt werden. Wie hoch ist die Effektivverzinsung der Schuld, falls das Damnum 20.000 DM beträgt?

15. Ein Zerobond, der zu 100% zurückbezahlt wird, soll zu einem Kurs von 40% ausgegeben werden. Berechnen Sie die Laufzeit bei einem Marktzinsniveau von 8%.

16. Eine 5%-Anleihe, die zu einem Kurs von 100% zurückbezahlt wird, hat eine laufende Rendite von 6,25%. Der Marktzins beträgt 8%. Berechnen Sie die Laufzeit.

17. Eine ausländische Anleihe wird in 7 Jahren zu pari zurückbezahlt. Die Marktverzinsung beläuft sich auf 10% pro Jahr. Welchen Kurs hat die Anleihe, falls die Zinszahlungen halbjährlich mit 3% erfolgen?

18. Eine Anleihe mit einer Restlaufzeit von 5 Jahren wird zu einem Kurs von 93% gehandelt. Die Rückzahlung erfolgt zu 100%. Die Nominalverzinsung beträgt halbjährlich 3%. Wie hoch ist die Effektivverzinsung?

19. Berechnen Sie die Duration einer vorschüssigen ewigen Anleihe für einen Zinsfuß von 5%.

20. Bei einer Erhöhung des Zinsniveaus um 1 Prozentpunkt ist eine 8%-Anleihe mit einer Laufzeit von 10 Jahren und einem Rückzahlungskurs von 100% um 6,4% gesunken. Berechnen Sie die Duration der Anleihe.

F. ABSCHREIBUNG

I. Testaufgaben

1. Ein LKW mit dem Anschaffungswert 100.000 DM soll in 10 Jahren auf den Restwert 20.000 DM abgeschrieben werden. Berechnen Sie den Restwert nach 5 Jahren bei
   a) linearer
      Lösung: 60.000 DM → F 2
   b) degressiver
      Lösung: 44.710,87 DM (p = 14,87) → F 3
   c) digitaler
      Lösung: 41.818,18 DM → F 5
   Abschreibung.

2. Ein Computer wird in fünf Jahren digital auf Null abgeschrieben. Im letzten Jahr beträgt der Abschreibungsbetrag 2.000 DM. Wie hoch war der Anschaffungswert des Computers?
   Lösung: 30.000 DM → F 5

3. Der Anschaffungswert einer Maschine beträgt 10.000 DM. Die Nutzungsdauer wird auf fünf Jahre geschätzt. Man rechnet mit einem Schrottwert von 2.000 DM. Berechnen Sie die Abschreibung im 3. Jahr bei
   a) linearer
      Lösung: 1.600 DM → F 2
   b) degressiver
      Lösung: 1.445,64 DM (p = 27,52) → F 3
   c) digitaler
      Lösung: 1.600 DM → F 5
   Abschreibung.

4. Ein Unternehmen kauft einen Computer zum Anschaffungswert von 1 Mio. DM. Die Nutzungsdauer wird auf acht Jahre veranschlagt. Man rechnet wegen der schnellen technischen Entwicklung mit keinem Restverkaufserlös. Der Computer wird zuerst degressiv mit einem Abschreibungssatz von 25% jährlich abgeschrieben. Es ist vorgesehen, während der Nutzungsdauer auf die lineare Abschreibungsmethode überzugehen.

a) Bestimmen Sie den optimalen Zeitpunkt des Übergangs
   Lösung: 5. Jahr   → F 4
b) Wie hoch ist der lineare Abschreibungsbetrag im Übergangsjahr?
   Lösung: 79.102 DM   → F 4, F 2
c) Wie hoch ist der degressive Abschreibungsbetrag im Übergangsjahr?
   Lösung: 79.102 DM   → F 4, F 3
d) Wie hoch ist der Restwert zu Beginn des Übergangsjahrs?
   Lösung: 316.406 DM   → F 4

5. Eine Lagerhalle mit dem Anschaffungswert von 500.000 DM wird degressiv mit einem Abschreibungssatz von 3,5% abgeschrieben. Nach wieviel Jahren unterschreitet der Restbuchwert erstmals 200.000 DM?
   Lösung: 26 Jahre   → F 3

II. Lehrtext

1. Vorbemerkung

Wirtschaftsgüter (z.B. Gebäude, Produktionsmaschinen, Labor- und Büroeinrichtungen etc.) veralten vom Tage ihrer Anschaffung an; sie verlieren an Wert. Dies ist abhängig von der Art des Wirtschaftsgutes (u.a. Verschleiß, technische Veralterung, veränderte Produkte und Produktionsbedingungen etc.). Die Wertminderungen sind Verluste des Anlage- (=Anschaffungs-) Kapitals und somit betriebliche Aufwendungen, die die Gewinne schmälern; daher können diese Wertminderungen vom Ertrag abgezogen (= abgeschrieben) werden. Diese gewinnmindernden Abzüge heißen Abschreibungen. Der Gesetzgeber legt fest, was, wieviel und in welchen Zeiträumen abgeschrieben werden kann - z.B. "lebt" ein Gebäude länger als eine High-Tech-Maschine (z.B. Computer).

Nach der gesetzlich festgelegten Zeit ist das Wirtschaftgut entweder total wertlos oder besitzt noch einen Rest- (= Schrott-) Wert; dies ist unabhängig davon, ob das Gut noch zu gebrauchen ist oder nicht (zu lange Abschreibungszeiten und/oder Produktion mit veralteten Maschinen ist zwar kostenmindernd, aber gefährlich wegen fehlender Modernisierung).

Übersicht: Begriffe

B_0 :	Anschaffungswert = sog. *Buchwert* des Wirtschaftsgutes zu Beginn des ersten bzw. am Ende des 0. Jahres des Wirtschaftens.
A_k :	Abschreibungsbetrag im k-ten Jahr nach der Anschaffung.
B_k :	Buchwert des Wirtschaftsgutes am Ende des k-ten Jahres (= B_0 vermindert um alle Abschreibungsbeträge): $$B_k = B_0 - \sum_{i=1}^{k} A_i.$$ Begriff "Buchwert", da dieser Wert buchmäßig erfaßt wird und unabhängig vom tatsächlichen Zustand des Gutes ist; in der Praxis ist B_n, der Buchwert am Ende der Abschreibungsperiode, meist Null.
n :	Abschreibungszeitraum in Jahren.
p :	Prozentsatz vom Buchwert.

Übliche Abschreibungsarten:

1. *Lineare Abschreibung:*
Es werden konstante Beträge jährlich abgeschrieben.

2. *Degressive Abschreibung:*
Es werden konstante Prozentsätze des jeweiligen Buchwertes abgeschrieben (degressiv = abnehmend); die Abschreibungsbeträge nehmen jährlich mit geometrisch fallenden Raten ab; auch geometrisch-degressiv genannt.

3. *Degressive Abschreibung mit Übergang zur linearen Abschreibung:*
Wegen der steuerlich festgelegten Höhe der Abschreibung vermeidet man hiermit, daß bei festliegendem Abschreibungszeitraum in der Anfangszeit zu viel (oberhalb der Steuergrenze) und nach gewisser Zeit zu wenig (unterhalb der Steuergrenze) abgeschrieben wird.

4. *Digitale Abschreibung:*
Es wird degressiv mit jährlich arithmetisch abnehmenden Beträgen abgeschrieben; auch arithmetisch-degressiv genannt.

2. Lineare Abschreibung

Beispiel: Eine Maschine mit einem Anschaffungswert von 50.000 DM soll in sechs Jahren abgeschrieben werden; der Restwert betrage dann 2.000 DM.

$B_0 = 50.000,\text{--} \text{ DM}; \quad B_6 = 2.000,\text{--} \text{ DM}; \quad n = 6$

→ abzuschreibender Betrag $B = B_0 - B_6 = 48.000,\text{--} \text{ DM}$

Abschreibungsbeträge pro Jahr:

$$\boxed{A = \frac{B_0 - B_n}{n} = B_0 \cdot \frac{p}{100}} = \frac{(50.000 - 2.000)\text{DM}}{6} = 8.000,\text{--} \text{ DM}$$

Prozentsatz vom Anschaffungswert:

$$\boxed{p = \frac{100}{n} \cdot \frac{B_0 - B_n}{B_0}} = \frac{100}{6} \cdot \frac{48.000}{50.000} = 16$$

Der Prozentsatz der Abschreibung beträgt 16%.

Buchwert am Ende des k-ten Jahres (z.B. k=3):

$B_k = B_0 - \frac{B_0 - B_n}{n} \cdot k = 50.000,\text{-} \text{ DM} - 8.000,\text{-} \text{ DM} \cdot 3$

$$\boxed{B_k = B_0 \left(1 - \frac{k}{n}\right) + B_n \cdot \frac{k}{n}} = 26.000,\text{--} \text{ DM}.$$

Merke: Die lineare Abschreibung erlaubt auf den Restwert $B_n = 0,\text{-}$ DM abzuschreiben.

3. Degressive Abschreibung

Beispiel: Eine Maschine mit dem Anschaffungswert von 50.000 DM soll in sechs Jahren abgeschrieben werden; der Restwert betrage dann 2.000 DM.
Es soll jedoch jährlich ein konstanter Prozentsatz p% vom jeweiligen Buchwert B_k abgeschrieben werden.

Jahr n	Abschreibung A_k	Buchwert B_k
0		
1. Jahr	$A_1 = B_0 \cdot \frac{p}{100}$	B_0
1		
2. Jahr	$A_2 = B_1 \cdot \frac{p}{100}$	$B_1 = B_0 - B_0 \cdot \frac{p}{100} = B_0\left(1 - \frac{p}{100}\right)$
2		
3. Jahr	$A_3 = B_2 \cdot \frac{p}{100}$	$B_2 = B_1 - B_1 \cdot \frac{p}{100} = B_1\left(1 - \frac{p}{100}\right) = B_0\left(1 - \frac{p}{100}\right)^2$
3		$B_3 = B_0\left(1 - \frac{p}{100}\right)^3$
k-tes Jahr	$A_k = B_{k-1} \cdot \frac{p}{100}$	
k		$\boxed{B_k = B_0\left(1 - \frac{p}{100}\right)^k}$
n-tes Jahr		$B_n = B_0\left(1 - \frac{p}{100}\right)^n$
n		

→ Berechnung von p: $1 - \frac{p}{100} = \sqrt[n]{\frac{B_n}{B_0}}$

$$p = 100\left\{1 - \sqrt[n]{\frac{B_n}{B_0}}\right\}$$

Merke: Bei degressiver Abschreibung wird ein Restwert 0,- DM nicht erreicht; außer n=1 und p=100.

Beispiel: n = 6, B_6 = 2.000,- DM

$$p = 100\left\{1 - \sqrt[6]{\frac{2.000,-}{50.000,-}}\right\} = 41,5$$

Abschreibungsplan (41,5%-ige Abschreibung)

Jahr n	A_k	B_k
0		50.000,00 DM
1	20.750,00 DM	29.250,00 DM
2	12.138,75 DM	17.111,25 DM
3	7.101,17 DM	10.010,08 DM
4	4.154,18 DM	5.855,90 DM
5	2.430,20 DM	3.425,70 DM
6	1.421,67 DM	$\approx 2.000,-- \text{ DM} = B_6$

Ein entscheidendes Problem dieses Verfahrens ist, daß es zu extrem hohen Abschreibungssätzen führt, insbesondere dann, wenn die Nutzungsdauer kurz und der Restwert klein ist. Man hat hohe Abschreibungsbeträge in den Anfangsjahren und niedrige in den späteren Jahren. Das Beispiel zeigt einen steuerlich unzulässigen Abschreibungssatz, denn nur 30% wären zulässig.

In manchen Fällen kann jedoch das degressive Verfahren, wie im folgenden gezeigt, abgemildert werden:

Degressive Abschreibung mit Abschwächung

Es wird zum Anfangswert und zum Restbuchwert ein konstanter Betrag addiert; dies ist dann der Fall, wenn zum Wirtschaftsgut ein nicht abschreibungsfähiger Anteil hinzugezählt werden kann

→ z.B. Fabrikhalle (abschreibungsfähig) + Grundstück (nicht abschreibungsfähig).

s. Beispiel: Zum Wirtschaftsgut mit B_0=50.000,- DM gehöre ein Grundstücksanteil von 10.000,- DM.

Nun wird statt von 50.000.- DM auf 2.000,- DM von 60.000,- DM auf 12.000,- DM abgeschrieben; dies ergibt

statt $p = 100 \left\{ 1 - \sqrt[6]{\frac{2.000}{50.000}} \right\} = 41,5$

nun $\quad p = 100\left\{1 - \sqrt[6]{\dfrac{12.000}{60.000}}\right\} = 23,5$,

was unterhalb der 30% steuerlich zulässigen Abschreibung liegt.

4. Degressive Abschreibung mit Übergang zur linearen Abschreibung

Unbefriedigend ist bei der degressiven Abschreibung, daß nicht auf 0,- DM abgeschrieben werden kann oder gar am Ende der Nutzungsdauer oft ein zu hoher Restbuchwert übrig bleibt, der in diesem Jahr zusätzlich abgeschrieben werden müßte. Es ist daher üblich und steuerlich zulässig, während der Nutzungsdauer auf die lineare Methode überzugehen.

Man gibt hierbei einen Prozentsatz p für die degressive Abschreibung vor (z.B. die steuerlich zulässigen 30%) und schreibt von dem Jahre an, in welchem die degressive Abschreibung den Wert der linearen Abschreibung des Buchwertes am Anfang dieses Jahres erreicht oder unterschreitet, diesen Buchwert linear ab; dieser Vorgang ermöglicht so auch eine Abschreibung auf den Restbuchwert von 0,- DM.

Beispiel: $B_0 = 50.000,\text{- DM}, \quad n = 6, \quad B_6 = 0,\text{- DM}, \quad p = 30$

Abschreibungsplan

Jahr n	degressiv A_k	B_k	linear vom jeweiligen Buchwert A_k	degressiv mit Übergang A_k	B_k
0		50.000,00 DM	8.333,33 DM		50.000,00 DM
1	15.000,00 DM		(50.000 DM : 6)	15.000,00 DM	
		35.000,00 DM	7.000,00 DM		35.000,00 DM
2	10.500,00 DM		(35.000 DM : 5)	10.500,00 DM	
		24.500,00 DM	6.125,00 DM		24.500,00 DM
3	7.350,00 DM		(24.500 DM : 4)	7.350,00 DM	
		17.150,00 DM	5.716,67 DM		17.150,00 DM
4	5.145,00 DM		(17.150 DM : 3)	5.716,67 DM	
		12.005,00 DM			11.433,33 DM
5	3.601,50 DM			5.716,67 DM	
		8.403,50 DM			5.716,66 DM
6	2.521,05 DM			5.716,66 DM	
	Restwert:	5.882,45 DM			0,00 DM

Falls auf den Restwert $B_n=0$ abgeschrieben wird, ist das Jahr m des optimalen Übergangs durch folgende Bedingung gegeben:

A_m(degressiv) $\leq A_m$(linear) : 5.145,-- DM < 5.716,67 DM

$$B_{m-1} \cdot \frac{p}{100} \leq \frac{B_{m-1}}{n-(m-1)}$$

$$\frac{p}{100} \leq \frac{1}{n-(m-1)} : \quad \frac{30}{100} \leq \frac{1}{6-m+1}$$

$$\frac{100}{p} \geq n-m+1 : \quad 3,33 \geq 7-m$$

$$\boxed{m \geq n+1 - \frac{100}{p}} : \quad m \geq 7 - 3,33 = 3,67$$

→ Übergang im 4. Jahr!

Ist beispielsweise p=25, so folgt für n=6

$$m \geq 7 - 4 = 3$$

→ Übergang im 3. Jahr!

Merke: Wegen der linearen Abschreibung des Buchwertes B_{m-1} zu Beginn des m-ten Jahres ist eine Abschreibung auf 0,- DM möglich!

5. Digitale Abschreibung

Diese Abschreibung verbindet die Vorteile der degressiven (größerer Betrag am Anfang) mit der linearen (hinreichend große Abschreibung gegen Ende der Laufzeit) Abschreibung: Es werden linear (= proportional) abnehmende Beträge abgeschrieben. In der Praxis ist dieses Verfahren nicht sehr verbreitet.

Beispiel: Eine Maschine mit dem Anschaffungswert von 50.000 DM soll in sechs Jahren digital abgeschrieben werden; der Restwert betrage dann 2.000 DM.

Lösung: Die Abschreibung ist

im letzten Jahr : A,

im vorletzten Jahr : 2A,

⋮

im 2. Jahr : (n-1)·A,

im 1. Jahr : n · A.

Der abzuschreibende Wert beträgt:

$$B = B_0 - B_n = n \cdot A + (n-1) \cdot A + \ldots + 3A + 2A + A$$
$$= A(n + (n-1) + \ldots + 3 + 2 + 1)$$
$$= A \frac{n(n+1)}{2}$$

$$\boxed{A = \frac{2(B_0 - B_n)}{n(n+1)}} = \frac{2 \cdot 48.000}{6 \cdot 7} = 2.285{,}71 \text{ DM}.$$

Aus der Kenntnis des Abschreibungsbetrages A=2.285,71 DM im letzten Jahr läßt sich sukzessive der Abschreibungsplan erstellen.

Jahr n	Abschreibungsplan A_k	B_k
0		50.000,00 DM
	6A = 13.714,26 DM	
1		36.285,74 DM
	5A = 11.428,55 DM	
2		24.857,19 DM
	4A = 9.142,84 DM	
3		15.714,35 DM
	3A = 6.857,13 DM	
4		8.857,22 DM
	2A = 4.571,42 DM	
5		4.285,80 DM
	A = 2.285,71 DM	
6		2.000,00 DM = B_6

Die Abschreibungen und die Buchwerte in den einzelnen Jahren können auch rechnerisch ermittelt werden, wie die folgenden Ausführungen zeigen:

Abschreibung im k-ten Jahr: (z.B. k=4)

$$\boxed{A_k = \frac{2(B_0 - B_n)}{n(n+1)} (n-k+1)} = 2.285{,}71 \text{ DM} \cdot (6-4+1)$$
$$= 2.285{,}71 \text{ DM} \cdot 3$$
$$= 6.857{,}13 \text{ DM}.$$

Buchwert am Ende des k-ten Jahres:

$$B_k = B_0 - \sum_{i=1}^{k} A_i$$

$$= B_0 - \sum_{i=1}^{k} \frac{2(B_0-B_n)}{n(n+1)} (n-i+1)$$

$$= B_0 - \frac{2(B_0-B_n)}{n(n+1)} \left\{ \sum_{i=1}^{k} (n+1) - \sum_{i=1}^{k} i \right\}$$

$$= B_0 - \frac{2(B_0-B_n)}{n(n+1)} \left\{ (n+1)k - \frac{k(k+1)}{2} \right\}$$

$$\boxed{B_k = B_0 - \frac{(B_0-B_n)}{n(n+1)} \left\{ 2(n+1)k - k(k+1) \right\}}$$

z.B.: k = 4

$$B_4 = 50.000,\text{- DM} - \frac{48.000,\text{- DM}}{6 \cdot 7} \{2 \cdot 7 \cdot 4 - 4 \cdot 5\} =$$

$$B_4 = 8.857,14 \text{ DM}.$$

III. Übungsaufgaben

1. Der Anschaffungswert eines Geschäftsflugzeuges betrage 300.000 DM. Man rechnet bei einer Nutzungsdauer von 10 Jahren mit einem Wiederverkaufswert bzw. Restbuchwert von 150.000 DM. Nach wieviel Jahren ist der lineare Abschreibungsbetrag zum ersten Male größer als der
   a) degressive
   b) digitale?

2. Eine Maschine wird degressiv mit einem Abschreibungssatz von p=30 abgeschrieben. Wie hoch ist der Abschreibungsbetrag im 11. Jahr, falls er im 6. Jahr 1.000 DM beträgt?

3. Der Abschreibungsbetrag einer Maschine sei im 5. Jahr doppelt so hoch wie im 10. Jahr. Wie hoch ist der Abschreibungssatz bei geometrisch-degressiver Abschreibung?

4. Für einen Computer mit einem Anschaffungswert von 30.000 DM, einer Nutzungsdauer von 5 Jahren und einem Restwert von 0,- DM soll ein Abschreibungsplan erstellt werden. Wie gestaltet sich dieser, wenn eine degressive Abschreibung mit Übergang zur linearen im optimalen Zeitpunkt gewählt wird? Der degressive Abschreibungssatz betrage 30%.

ANHANG A: EINIGE MATHEMATISCHE GRUNDLAGEN DER REELLEN ZAHLEN

1. Potenzrechnung

a.)
$$a^m \cdot a^n = a^{m+n} = a^{n+m} = a^n \cdot a^m$$

Beispiel:
$$a^5 = a \cdot a \cdot a \cdot a \cdot a$$
$$= a^2 \cdot a^3 = a^1 \cdot a^4 = a^4 \cdot a^1$$
$$= a^{2+3} = a^{1+4} = a^{4+1} \quad \text{usw.}$$

b.)
$$\frac{1}{a^m} = a^{-m}$$
$$\frac{a^n}{a^m} = a^n \cdot \left(\frac{1}{a^m}\right) = a^n \, a^{-m} = a^{n+(-m)} = a^{n-m}$$

Beispiel:
$$\frac{a^3}{a^5} = a^3 \cdot a^{-5} = a^{3-5} = a^{-2} = \frac{1}{a^2}$$

c.)
$$a^0 = 1$$

Beispiel:
$$\frac{a^3}{a^3} = a^{3-3} = a^0 = 1$$

d.)
$$(a^m)^n = a^{m \cdot n} = a^{n \cdot m} = (a^n)^m$$

Beispiel:
$$(a^3)^2 = a^3 \cdot a^3 = a^{3+3} = a^6 = a^{3 \cdot 2}$$
$$= a^{2 \cdot 3} = (a^2)^3 = a^2 \cdot a^2 \cdot a^2 = a^{2+2+2} = a^6$$

e.)
$$a^n \cdot b^n = (a \cdot b)^n$$

Beispiel:
$$a^3 \cdot b^3 = a \cdot a \cdot a \cdot b \cdot b \cdot b = (ab)(ab)(ab) = (ab)^3$$

2. Wurzelrechnung

a.)
$$a^n = b$$
$$a = \sqrt[n]{b} = b^{1/n}$$

Beispiel:
$$a^3 = b = b^1 = b^{1/3 + 1/3 + 1/3} =$$
$$= b^{1/3} \cdot b^{1/3} \cdot b^{1/3} = a \cdot a \cdot a$$

mit $a = b^{1/3} = \sqrt[3]{b}$

Beachte:

α) Wenn n gerade, so folgt $a^n = b > 0$.

Beispiel: $a = -2$, $n = 4$: $(-2)^4 = (-2)^2(-2)^2 = +16 > 0$.

Hieraus folgt, es gibt kein negatives (reelles) b als Folge einer Potenzierung mit einem geraden Exponenten n und somit auch keine gerade Wurzel aus einer negativen Zahl.

n gerade: $\sqrt[n]{-|b|}$ existiert nicht; *Beispiel:* $\sqrt[4]{-16}$ existiert nicht.

β) Wenn n ungerade, kann $a^n = b$ durchaus negativ sein.

Beispiel: $(-2)^3 = (-2)^2 \cdot (-2) = 4(-2) = -8$.

Hieraus folgt, daß die ungerade Wurzel aus einer negativen Zahl existiert.

Beispiel: $\sqrt[3]{-8} = -2$

b.)
$$\sqrt[n]{a} \cdot \sqrt[n]{c} = a^{1/n} \cdot c^{1/n} = (a \cdot c)^{1/n} = \sqrt[n]{a \cdot c}$$

Beispiel:
$$\sqrt[3]{8} \cdot \sqrt[3]{2} = 8^{1/3} \cdot 2^{1/3} = (8 \cdot 2)^{1/3} = \sqrt[3]{16}$$

c.)
$$\frac{\sqrt[n]{a}}{\sqrt[n]{c}} = \frac{a^{1/n}}{c^{1/n}} = \left(\frac{a}{c}\right)^{1/n} = \sqrt[n]{\frac{a}{c}}$$

Beispiel:
$$\frac{\sqrt[3]{8}}{\sqrt[3]{2}} = \frac{8^{1/3}}{2^{1/3}} = \left(\frac{8}{2}\right)^{1/3} = \sqrt[3]{4}$$

d.)

$$\boxed{\left(\sqrt[n]{a}\right)^m = \left(a^{1/n}\right)^m = a^{m/n} = \left(a^m\right)^{1/n} = \sqrt[n]{a^m}}$$

Beispiel:

$$\left(\sqrt[3]{8}\right)^2 = 8^{2/3} = \sqrt[3]{8^2} = \sqrt[3]{64}$$

e.)

$$\boxed{\sqrt[m]{\sqrt[n]{a}} = \left(a^{1/n}\right)^{1/m} = a^{\frac{1}{m \cdot n}} = \sqrt[m \cdot n]{a}}$$

Beispiel:

$$\sqrt[3]{\sqrt[]{64}} = \left(64^{1/2}\right)^{1/3} = \left(64\right)^{1/6} = \sqrt[6]{64} = \sqrt[6]{2^6} = 2$$

3. Logarithmenrechnung

$$\boxed{\begin{array}{l} a^s = b \\ s = \log_a b \end{array}}$$

Der Exponent s heißt Logarithmus von b zur Basis (des Exponenten) a >0.

Beispiele:

$10^3 = 1.000 \rightarrow 3 = \log_{10} 1.000$ (häufige Abkürzung $\log_{10} x = \lg x$)

$2^3 = 8 \rightarrow 3 = \log_2 8$

$3^3 = 27 \rightarrow 3 = \log_3 27$

$e^3 = 20{,}085\ldots \rightarrow 3 = \log_e 20{,}085\ldots$

(Eulersche Zahl e=2,718218... bestimmt natürliche Wachstumsprozesse, deshalb Abkürzung $\log_e x = ln\ x$ für logarithmus naturalis)

a.) Umrechnung zwischen verschiedenen Logarithmus- bzw. Basissystemen

$$a^s = b \quad \rightarrow s = \log_a b$$
$$\left(a^s\right)^t = b^t = x \rightarrow t = \log_b x$$
$$a^{s \cdot t} = \quad x \rightarrow s \cdot t = \log_a x$$
$$\boxed{\log_a b \cdot \log_b x = \log_a x}$$

Beispiel:

$a = 10;\ b = e$:

$$\lg x = \lg e \cdot ln\ x = 0{,}4343 \cdot ln\ x$$

b.)
$$\boxed{\log_a a = 1 \,;\, a \text{ beliebig}}$$
$a^1 = a \to 1 = \log_a a$.

c.)
$$\boxed{\log_a 1 = 0 \,;\, a \text{ beliebig}}$$
$a^0 = 1 \to 0 = \log_a 1$.

d.) Rechenregeln für beliebige Basen

α)
$$\boxed{\log_a b\cdot c = \log_a b + \log_a c}$$
$\left.\begin{array}{l} a^s = b \to s = \log_a b \\ a^t = c \to t = \log_a c \end{array}\right\} bc = a^{s+t} \to s+t = \log_a b\cdot c = \log_a b + \log_a c$

β)
$$\boxed{\log_a \frac{b}{c} = \log_a b - \log_a c}$$
$\frac{b}{c} = \frac{a^s}{a^t} = a^{s-t} \to s-t = \log_a \frac{b}{c} = \log_a b - \log_a c$

γ)
$$\boxed{\log_a b^n = n \cdot \log_a b}$$
$b^n = \left(a^s\right)^n = a^{n\cdot s} \to n\cdot s = \log_a b^n = n \cdot \log_a b$

δ)
$$\boxed{\log_a \sqrt[n]{b} = \frac{1}{n} \log_a b}$$
$\sqrt[n]{b} = \sqrt[n]{a^s} = a^{s/n} \to \frac{s}{n} = \log_a \sqrt[n]{b} = \frac{1}{n} \log_a b$

Wegen a>0 existieren keine Logarithmen negativer Zahlen.

4. Summen und Zahlenreihen

Eine Zahlenreihe ist das Aufsummieren einzelner Zahlen, die nach einem vorgegebenen Gesetz aufeinanderfolgen.

Beispiele:

α)
$$s = a_1 + a_2 + a_3 + a_4$$
$$\text{mit} \quad a_i = 10^i \,;\, i = 1,2,3,4$$
$$s = 10^1 + 10^2 + 10^3 + 10^4 = \sum_{i=1}^{4} 10^i$$

β)
$$s = 1 + \frac{1}{2} + \frac{1}{3} + \frac{1}{4} + \dots + \frac{1}{11} = \sum_{i=1}^{11} \frac{1}{i}$$

Anhang A: Einige mathematische Grundlagen der reellen Zahlen

Allgemeine Beschreibung einer Zahlenreihe

$$s = \sum_{i=1}^{n} a_i = \sum_{i=1}^{n} f(i) \ ; \ i = 1,2,...,n \ .$$

Hierbei läuft der Summen- oder Laufindex i vom tiefsten (hier: i=1) zum höchsten Wert (i=n), wobei sich i bei jedem Summanden um 1 erhöht.

Mit Zahlenreihen lassen sich bedingt Rechenoperationen durchführen zum Zwecke der Vereinfachung je nach Bedarf:

α) Änderung des Laufindexes

$$s = 10^1 + 10^2 + 10^3 + 10^4 = \sum_{i=1}^{4} 10^i$$

Ersetzt man i=j+2 folgt j=i-2 und dem tiefsten Laufindex i=1 entspricht dann j=-1 und dem höchsten i=4 nun j=2 und die obige Summe läßt sich schreiben

$$s = \sum_{i=1}^{4} 10^i = \sum_{j=-1}^{2} 10^{j+2}$$

β) $$\sum_{i=1}^{n} a_i \pm \sum_{i=1}^{n} b_i = \sum_{i=1}^{n} \left(a_i \pm b_i \right)$$

Hier müssen tiefster und höchster Wert des Laufindexes zusammenpassen. Beispiel:

$$\sum_{i=3}^{7} i + \sum_{i=1}^{6} i^2 = \left(\sum_{i=3}^{6} i + 7 \right) + \left(1 + 4 + \sum_{i=3}^{6} i^2 \right) = 12 + \sum_{i=3}^{6} \left(i + i^2 \right).$$

γ) $$K \cdot \sum_{i=1}^{n} a_i = K\left(a_1 + a_2 + ... + a_n \right)$$

$$= Ka_1 + Ka_2 + ... + Ka_n = \sum_{i=1}^{n} Ka_i$$

δ) $$\sum_{i=1}^{n} a_i = \sum_{i=1}^{m} a_i + \sum_{i=m+1}^{n} a_i = \left(a_1 + a_2 + ... + a_m \right) + \left(a_{m+1} + ... + a_n \right)$$

Beispiel zum Zusammenfassen:

$$\sum_{i=1}^{100} i + \sum_{i=106}^{200} (i-5) = \sum_{i=1}^{100} i + \sum_{\substack{k=101 \\ (k=i-5)}}^{195} k$$

$$= \sum_{i=1}^{100} i + \sum_{\substack{i=101 \\ (k=i)}}^{195} i = \sum_{i=1}^{195} i \ .$$

5. Zahlenreihen in der Finanzmathematik

In der Finanzmathematik sind nur vier Zahlenreihen von Bedeutung.

a. Arithmetische Reihe

$$s = \sum_{i=1}^{n}\left[c + (i-1)d\right] = c + (c+d) + (c+2d) + (c+3d) + \ldots + (c+(n-1)d).$$

In dieser Reihe ist die Differenz aufeinanderfolgender Glieder konstant d.

Diese Reihe läßt sich aufsummieren zu einer sogenannten Summenformel, aus der der Zahlenwert errechnet werden kann.

Die Summe besteht aus n Gliedern, deren Differenz konstant ist; es genügt daher, das arithmetische Mittel aus Anfangs- und Endglied n mal aufzusummieren.

$$s = n \cdot \frac{c+[c+(n-1)d]}{2} = \frac{n}{2}\{2c + (n-1)d\}.$$

Summenformel:

$$\boxed{s = \sum_{i=1}^{n}\left[c + (i-1)d\right] = \frac{n}{2}\{2c + (n-1)d\}}$$

Beispiel:

Aufsummieren aller ganzen Zahlen von 1 bis n.

$$s = 1+2+3+4+\ldots+n = \sum_{i=1}^{n} i = \sum_{i=1}^{n}(1 + (i-1)1)$$

$$= \frac{n}{2}\{2 + (n-1)\} = \frac{n \cdot (n+1)}{2}$$

$$n = 100 : s = 1+2+\ldots+100 = \frac{100 \cdot 101}{2} = 5050.$$

b. Geometrische Reihe

$$s = 1 + q + q^2 + q^3 + \ldots + q^{n-1} = \sum_{i=1}^{n} q^{i-1}.$$

In dieser Reihe ist der Quotient zweier aufeinanderfolgender Summenglieder konstant q.

Die Summenformel läßt sich berechnen, wenn man die Differenz $s - q \cdot s$ bildet.

$$s = 1 + q + q^2 + \ldots + q^{n-2} + q^{n-1}$$
$$qs = q + q^2 + \ldots + q^{n-2} + q^{n-1} + q^n$$

$$s - qs = 1 + 0 + 0 + \ldots + 0 + 0 - q^n$$

$$s(1-q) = 1 - q^n$$

Summenformel: $\boxed{s = \sum_{i=1}^{n} q^{i-1} = \frac{1-q^n}{1-q} = \frac{q^n - 1}{q - 1}}$

Beispiel:

Sparen einer am Ende eines Jahres eingezahlten Rate r mit 10% Verzinsung über 10 Jahre.

1. Jahr : $R_1 = r$

2. Jahr : $R_2 = r + (r + r \cdot 0{,}1) = r + r \cdot 1{,}1$

3. Jahr : $R_3 = r + r \cdot 1{,}1 + r \cdot 1{,}1^2$

$\vdots$

10. Jahr : $R_{10} = r + r \cdot 1{,}1 + r \cdot 1{,}1^2 + \ldots + r \cdot 1{,}1^9$

$$= r\left(1 + 1{,}1 + 1{,}1^2 + \ldots + 1{,}1^9\right)$$

$$= r \sum_{i=1}^{10} 1{,}1^{i-1} = r \cdot \frac{1{,}1^{10}-1}{0{,}1}$$

$$= r \cdot 15{,}94 \, .$$

c. **Stationäre Reihe**

(Spielt in der Finanzmathematik eine untergeordnete Rolle und kommt gelegentlich bei Formelzusammenfassungen vor.)

In dieser Reihe wird eine konstante Zahl c n mal aufsummiert.

$$s = c + c + c + \ldots + c = \sum_{i=1}^{n} c = n \cdot c$$

$$\sum_{i=1}^{n} c = c \sum_{i=1}^{n} 1 = c \cdot n$$

$$\sum_{i=1}^{n} 1 = n$$

Beispiel:

Arithmetische Reihe

$$s = \sum_{i=1}^{n} \left[c + (i-1)d\right] = \underset{\uparrow}{\sum_{i=1}^{n} c} + \underset{\uparrow}{\sum_{i=1}^{n} (i-1)d}$$

$$\qquad\qquad\qquad\;\; \text{stationär} \quad \text{arithmetisch}$$

$$= n \cdot c + n \frac{0+(n-1)d}{2} = \frac{n}{2}\left\{2c + (n-1)d\right\} .$$

d. **Arithmetisch-geometrische Reihe**

$$s = \sum_{k=1}^{n} \frac{k}{q^k} = \frac{1}{q} + \frac{2}{q^2} + \frac{3}{q^3} + \ldots + \frac{n}{q^n}$$

$$= q^{-1} + 2q^{-2} + 3q^{-3} + \ldots + nq^{-n} .$$

Diese Reihe benötigt man bei der Ermittlung der Duration des Kurses einer Ratenschuld. Die Summenformel läßt sich berechnen, wenn man die Differenz $s-q^{-1}s$ bildet.

$$s = q^{-1} + 2q^{-2} + 3q^{-3} + \ldots + nq^{-n}$$
$$q^{-1}s = \phantom{q^{-1} + {}} q^{-2} + 2q^{-3} + \ldots + (n-1)q^{-n} + nq^{-n-1}$$

$$s - q^{-1}s = q^{-1} + q^{-2} + q^{-3} + \ldots + q^{-n} - nq^{-n-1}$$

$$s - \frac{1}{q}s = q^{-1}\left(\underbrace{\left\{1 + q^{-1} + q^{-2} + \ldots + q^{-(n-1)}\right\}}_{\text{geometrische Reihe}} - nq^{-n}\right)$$

$$qs - s = \frac{\left(\frac{1}{q}\right)^n - 1}{\frac{1}{q} - 1} - n\frac{1}{q^n}$$

$$s(q-1) = \frac{\frac{1}{q^n} - \frac{q^n}{q^n}}{\frac{1}{q} - \frac{q}{q}} - n\frac{1}{q^n}$$

$$s(q-1) = \frac{q}{q^n}\frac{1 - q^n}{1 - q} - n\frac{1}{q^n}$$

$$s = \frac{1}{q^n}\left(q\frac{q^n - 1}{(q-1)^2} - \frac{n}{q-1}\right)$$

Summenformel: $\boxed{s = \sum_{k=1}^{n} \frac{k}{q^k} = \frac{1}{q^n}\left(q\frac{q^n - 1}{(q-1)^2} - \frac{n}{q-1}\right)}$

6. Übungsaufgaben zu den Grundlagen

a) <u>Rechnen mit Potenzen und Wurzeln</u>

1. $\left((-a)^3\right)^{-2}$ $\hspace{4em} = \dfrac{1}{a^6}$

2. $\left((-a^{-1})^3\right)^{-5}$ $\hspace{4em} = -a^{15}$

3. $a^2 \cdot a^3 \cdot a^{-5}$ $\hspace{4em} = 1$

4. $(-a^2)(-a)^3(-a^3)(-a)^2$ $\hspace{4em} = -a^{10}$

5. $a^2 + a^3$ $\hspace{4em} = a^2(1+a)$

6. $\quad -a^2 \dfrac{a^n + a^n}{\left[-a^2 - (-a)^3\right] \cdot a^n} \qquad\qquad = \dfrac{2}{1-a}$

7. $\quad \left(\dfrac{a^4 b^6}{c^2 d^3}\right)^2 \cdot \left(\dfrac{a^3 b^2}{c^5 d^6}\right) : \left(\dfrac{a^{10} b^{10}}{c^{10} d^{15}}\right) \qquad\qquad = a \cdot b^4 \cdot c \cdot d^3$

8. $\quad 2a^2 (a^6)^3 \cdot \dfrac{e(e^n)}{e^{n+1}} \qquad\qquad = 2a^{20}$

9. $\quad \dfrac{a^n - 16 a^{n-2}}{a^{n+1} - 8 a^n + 16 a^{n-1}} \qquad\qquad = \dfrac{1}{a} \cdot \dfrac{a+4}{a-4}$

10. $\quad \dfrac{1}{\sqrt{a}} \qquad\qquad = \dfrac{1}{a}\sqrt{a}$

11. $\quad \dfrac{\sqrt{a^3}}{\sqrt{a}} \qquad\qquad = a$

12. $\quad \sqrt[3]{a} \cdot \sqrt{a} = a^{1/3} \cdot a^{1/2} \qquad\qquad = \sqrt[6]{a^5}$

13. $\quad \sqrt[3]{a^2} : \left(\sqrt{a}\right)^3 = a^{2/3} : a^{3/2} \qquad\qquad = \dfrac{1}{\sqrt[6]{a^5}}$

14. $\quad \sqrt[3]{a^5 \sqrt[4]{a^5}} \qquad\qquad = a^2 \cdot \sqrt[12]{a}$

15. $\quad \dfrac{\sqrt[4]{a^3} \cdot \sqrt[3]{b^4}}{\sqrt[12]{a^7 \cdot b^5}} \qquad\qquad = \sqrt[12]{a^2 \cdot b^{11}}$

16. $\quad \dfrac{a^{\sqrt{27}}}{\left(\sqrt[3]{a}\right)^{\sqrt{108}} \left(\sqrt{a}\right)^{\sqrt{12}}} = \dfrac{a^{3\sqrt{3}}}{a^{3\sqrt{3}}} \qquad\qquad = 1$

17. $\quad \sqrt{a\sqrt{a\sqrt{a}}} \qquad\qquad = \sqrt[8]{a^7}$

18. $\quad \dfrac{\sqrt{a} - \sqrt{b}}{\sqrt{a} + \sqrt{b}} = \dfrac{(\sqrt{a} - \sqrt{b})^2}{a - b} \qquad\qquad = \dfrac{a + b - 2\sqrt{ab}}{a - b}$

19. $\quad \dfrac{\sqrt{3}}{\sqrt{3} - \sqrt{2}} = \dfrac{\sqrt{3}(\sqrt{3} + \sqrt{2})}{3 - 2} \qquad\qquad = 3 + \sqrt{6}$

20. $\quad \dfrac{1}{\sqrt{a} - \sqrt{b}} \qquad\qquad = \dfrac{\sqrt{a} + \sqrt{b}}{a - b}$

b) Rechnen mit Logarithmen

Berechnen Sie

1. $\ln x = \frac{1}{3}(\ln 132 - \ln 6 - \ln 11 + \ln 2)$ $\quad : x = \sqrt[3]{4}$

2. $\lg x = -\frac{1}{3}(\lg 132 - \lg 6 - \lg 11 + \lg 2)$ $\quad : x = \frac{1}{\sqrt[3]{4}}$

3. $\ln x = \frac{1}{3}\ln(132 - 6 - 11 + 2)$ $\quad : x = \sqrt[3]{117}$

4. $\log_a x = \frac{1}{2}\left(\log_a 24 - \log_a 8 - \log_a 3\right)$ $\quad : x = 1$

5. $\log_5 25 = 2 \log_5 5$ $\quad = 2$

6. $\log_{4,49} 1173 = \frac{\lg 1173}{\lg 4,49}$ $\quad = 4{,}706$

7. $\lg 3567298157212{,}3475 = 12 + \lg 3{,}567$ $\quad \cong 12{,}552$

8. $\log_b \sqrt[n]{\frac{1}{b}} = \frac{1}{n} \log_b \frac{1}{b}$ $\quad = -\frac{1}{n}$

9. $\log_{\sqrt{a}} \sqrt[2n]{a} = \frac{1}{n} \log_{\sqrt{a}} \sqrt{a}$ $\quad = \frac{1}{n}$

10. $\log_c x = 2 \log_c a + \frac{1}{2} \log_c b$ $\quad : x = a^2 \sqrt{b}$

11. $\ln x^2 = 1$ $\quad : x = \sqrt{e}$

12. $(\ln x)^2 = 1$ $\quad : x = e$

13. $x^{\ln x} = 10; \ \ln x \cdot \ln x = \ln 10$ $\quad : x = e^{\sqrt{\ln 10}} = 4{,}56$

14. $\lg(100x) = 2$ $\quad : x = 1$

15. $e^{-\ln x^2} = 100$ $\quad : x^2 = \frac{1}{100}$

16. $\left(e^{\ln x}\right)^2 = 100$ $\quad : x^2 = 100$

17. $5^{2 \lg(x^2-1)} = 10$ $\quad : x^2 = 6{,}192$

18. $\log_5(x+2)^2 - \log_5(x^2-4) = 1 \ ; \ \frac{x+2}{x-2} = 5$ $\quad : x = 3$

19. $\ln\left\{ \lg\left[1 + \log_3\left(\frac{27}{25} \sqrt[3]{45^6 \cdot 27^2}\right) \right] \right\}$ $\quad = 0$

20. $\log_{\sqrt{a}} \sqrt[20]{\dfrac{(a^{-4})^{0{,}2} \, a^{1{,}4} \left[\sqrt[5]{a^{4{,}5}/\sqrt{a}}\right]^3}{0{,}25\sqrt{1/a^{3/8}} \left(1/a^{1{,}5}\right)^{1/3}}}$ $\quad = \frac{1}{2}$

c) Gleichungen

1. $\sqrt{x-2} \cdot \sqrt{x-3} = \sqrt{x-4}$: $x_{1,2} = 3 \pm 1{,}15$

2. $\dfrac{2-x}{2+x} + \dfrac{2+x}{2-x} = \dfrac{5}{2}$: $x_{1,2} = \pm \dfrac{2}{3}$

3. $4 - \sqrt{3x+4} = 2x$: $x_{1,2} = 4{,}75 \pm 4{,}42$

4. $\dfrac{2}{1{,}1^{x-1}} \cdot \dfrac{1{,}1^x - 1}{0{,}1} = 10$; $\dfrac{1{,}1^x}{1{,}1} = 2(1{,}1^x - 1)$; $1{,}1^x = \dfrac{2{,}2}{1{,}2}$: $x = 6{,}36$

5. $e^{5x} \cdot e^2 = 12$: $x = 0{,}097$

6. $\left(\dfrac{2^x}{2}\right)^3 = 1$: $x = 1$

7. $\left(5^{3x+1} \cdot 5^2\right) / 5^x = 125$: $x = 0$

8. $2^{x^2} = 7$: $x_{1,2} = \pm 1{,}68$

9. $\left(2^x\right)^2 = 7$: $x = 1{,}404$

10. $e^{x+2} + e^{x+3} = 33 = e^x \cdot e^2 + e^x \cdot e^3$: $x = 0{,}183$

11. $9 \cdot 3^{2x} = 3^{x+1}$: $x = -1$

12. $5^{(3^x)} = 4^{(2^x)}$; $\dfrac{3^x}{2^x} = \left(\dfrac{3}{2}\right)^x = \dfrac{\ln 4}{\ln 5}$: $x = -0{,}368$

13. $4 \cdot 2^{4x} = 8^{x+1}$: $x = 1$

14. $2^x - 2 \cdot 2^{-x} + 1 = 0$; $\left(2^x\right)^2 + 2^x - 2 = 0$; $2^{x_1} = -2$ nicht definiert
    $2^{x_2} = 1$: $x = 0$

15. $x^{2,4} + 4 x^{1,2} - 2{,}4 = 0$; $x_1^{1,2} = -4{,}53$, $x_2^{1,2} = 0{,}53$: $x_1 = -3{,}52$
    $x_2 = 0{,}589$

16. $8 - \dfrac{20}{\lg x} = \lg \dfrac{1}{x}$; $(\lg x)^2 + 8 \lg x - 20 = 0$; $\lg x_1 = 2$; $\lg x_2 = -10$: $x_1 = 100$
    $x_2 = \dfrac{1}{10^{10}}$

Lösungshinweis für die folgenden Aufgaben: eine Lösung ist durch Probieren zu finden.

17. $x^3 - 11x^2 + 35x - 25 = 0$: $x_1 = 1$
    $x_{2,3} = 5$

18. $x^3 - 3x^2 - x + 3 = 0$: $x_1 = 1$
    $x_2 = 3$
    $x_3 = -1$

19. $x^3 - 2x^2 - x + 2 = 0$: $x_1 = 1$
    $x_2 = 2$
    $x_3 = -1$

20. $x^3 - 111 x^2 + 1110 x - 1000 = 0$: $x_1 = 1$
    $x_2 = 10$
    $x_3 = 100$

d) <u>Aufgaben</u> <u>mit</u> <u>Summen</u>

1. $\sum_{k=1}^{20} (k+2) = \sum_{n=3}^{23} n = 276 - 2 - 1$ $= 273$

2. $\sum_{k=2}^{11} (k+3) - \sum_{k=5}^{20} (k-1)$ $= -89$

3. $\sum_{k=5}^{24} 5 = 5 \sum_{k=5}^{24}$ $= 100$

4. $\sum_{i=1}^{31} 13 - \sum_{i=1}^{13} 31$ $= 0$

5. $S = 5 + 9 + 13 + 17 + \ldots + 717 = \sum_{i=1}^{179} [5 + (i-1)4]$ $= 64\,619$

6. $S = 1 + \frac{1}{2} + \frac{1}{4} + \ldots + \frac{1}{32} = \sum_{i=1}^{6} \left(\frac{1}{2}\right)^{i-1}$ $= 1{,}97$

7. $S = 25 + 125 + \ldots + 3125$ $= 3900$

8. $S = e^3 + e^4 + e^5 + \ldots + e^9$ $= 12\,807{,}20$

9. $\sum_{k=1}^{100} \frac{1}{1{,}1^k} = \frac{1}{1{,}1} \sum_{k=1}^{100} \frac{1}{1{,}1^{k-1}}$ $\cong 10$

10. $\displaystyle\sum_{k=1}^{100} \frac{50+5k}{1{,}1^k} = 50 \sum_{k=1}^{100} \frac{1}{1{,}1^k} + 5 \sum_{k=1}^{100} \frac{k}{1{,}1^k}$ $= 1\,049{,}60$

11. $\displaystyle\sum_{k=0}^{9} 2^k = \sum_{n=1}^{10} 2^{n-1}$ $= 1\,023$

12. $\displaystyle\sum_{k=0}^{4} 2^{-k} = \sum_{n=1}^{5} \left(\frac{1}{2}\right)^{n-1}$ $= 1{,}938$

13. $\displaystyle\sum_{k=0}^{\infty} 2^{-k}$ $= 2$

14. $\displaystyle\sum_{k=0}^{\infty} 3^{-k}$ $= \dfrac{3}{2}$

15. $\displaystyle\sum_{k=0}^{\infty} \left(-\frac{1}{2}\right)^k = \frac{1}{1-\left(-\frac{1}{2}\right)}$ $= \dfrac{2}{3}$

16. $\dfrac{\sum_{t=1}^{n} t \cdot \frac{1}{q^t}}{\sum_{t=1}^{n} \frac{1}{q^t}}$ $= \dfrac{q^{n+1} - n(q-1) - q}{(q^n - 1)(q - 1)}$

ANHANG B: LÖSUNGSHINWEISE

A. Einfache Zinsrechnung

1. $$n = 24 + 30 + 30 + 26 = 110 \text{ Tage}$$
   $$Z = \frac{110}{360} \cdot 1.500 \cdot \frac{10}{100} = 45{,}83 \text{ DM}$$

2. $$K = \frac{100 \cdot 24.000}{1 \cdot 8} = 300.000 \text{ DM}$$

3. $$n = \frac{100 \cdot 144{,}45}{8 \cdot 3.250} = 0{,}5556 \text{ Jahre} \stackrel{\wedge}{=} 200 \text{ Tage}$$

4. $$p = \frac{200 \cdot 360 \cdot 100}{9.800 \cdot 20} = 36{,}73$$

5. $$Z = \frac{20}{360} \cdot 2.400 \cdot \frac{0{,}5}{100} - \frac{25}{360} \cdot 1.600 \cdot \frac{12}{100} - \frac{20}{360} \cdot 5.600 \cdot \frac{12}{100} + \frac{25}{360} \cdot 4.400 \cdot \frac{0{,}5}{100}$$

Habenzins	2,20 DM
Sollzins	./. 50,66 DM
Saldo	./. 48,46 DM

6. $$p = \frac{100 \cdot 360 \cdot 100}{4.900 \cdot 80} = 9{,}18 \; ; \quad \text{nein}$$

7. Kaufmännische Diskontierung:
   $$3.000\left(1 - \frac{28}{360} \cdot \frac{8}{100}\right) + 4.000\left(1 - \frac{48}{360} \cdot \frac{8}{100}\right) + 7.000\left(1 - \frac{62}{360} \cdot \frac{8}{100}\right)$$
   $$= 13.842{,}22 - 9(\text{Spesen}) = 13.833{,}22 \text{ DM}$$

8. - Rechnungsbetrag abzüglich Skonto 980,00 DM
   - Barwert $K_0 = \dfrac{1.000}{1 + \frac{3}{12} \cdot \frac{10}{100}} = 975{,}60 \text{ DM} \; ; \quad \text{nein}$

B. Rechnen mit Zinseszinsen

1. $1.134 \text{ Mrd.} \cdot q^{10} = 1.485{,}2 \text{ Mrd.}$

$$q = \sqrt[10]{\frac{1.485{,}2}{1.134}} = 1{,}027$$

$$\rightarrow p = 2{,}7$$

2.
   a) $20.000 \,(1{,}06)^5 = 26.764{,}51$ DM
   b) $20.000 \,(1{,}03)^{10} = 26.878{,}33$ DM
   c) $20.000 \,(1{,}005)^{60} = 26.977{,}00$ DM
   d) $20.000 \left(1 + \frac{6}{360 \cdot 100}\right)^{360 \cdot 5} = 26.996{,}52$ DM
   e) $20.000 \, e^{0{,}06 \cdot 5} = 26.997{,}18$ DM

3.
$$2 = e^{\frac{p}{100} \cdot 35}$$

$$\frac{p}{100} = \frac{\ln 2}{35} = 0{,}0198$$

$$\rightarrow p = 1{,}98$$

4. gemischte Verzinsung:

$$K_0 = \frac{K_N}{\left(1 + \frac{p}{100}\right)^n \left(1 + n^* \frac{p}{100}\right)}$$

$$= \frac{10.000}{1{,}06^5 \left(1 + \frac{6}{12} \cdot \frac{6}{100}\right)} = 7.254{,}93 \text{ DM}$$

5. Kaufsumme: x

   Spesen: 0,015 x

   Verkaufssumme: $1{,}5 \cdot 0{,}8 \, x = 1{,}2 \, x$

   Spesen: 0,018 x

$$p_{\text{eff}} = \left(\sqrt[2]{\frac{1{,}2 \, x - 0{,}018 \, x}{x + 0{,}015 \, x}} - 1\right) \cdot 100$$

$$= \left(\sqrt[2]{\frac{1{,}182}{1{,}015}} - 1\right) \cdot 100 = 7{,}91$$

$$p_r = \left(\frac{1{,}0791}{1{,}03} - 1\right) \cdot 100 = 4{,}77$$

6. $1.478{,}9 \text{ Mrd. } q^5 = 1.830{,}5 \text{ Mrd.}$

$q = 1{,}0436 \quad \rightarrow \quad p = 4{,}36$

$$p_r = \left(\frac{1{,}0436}{1{,}0310} - 1\right) \cdot 100 = 1{,}22$$

7. $2 = 1{,}04^5 \, q^5$

$q = 1{,}1045$

$\rightarrow p = 10{,}45$

8. $K_{35} = K_0 \, e^{0,025 \cdot 5} \cdot e^{0,015 \cdot 10} \cdot e^{0,01 \cdot 20}$

$= K_0 \, e^{0,025 \cdot 5 + 0,015 \cdot 10 + 0,01 \cdot 20} = K_0 \, e^{0,475}$

$$\rightarrow \frac{K_{35}}{K_0} = e^{0,475} = e^{\frac{\bar{p}}{100} \cdot 35}$$

bzw. $\frac{\bar{p}}{100} = \frac{0{,}475}{35} = 0{,}0136$

$\rightarrow p = 1{,}36$

Bei stetigem Wachstum berechnet sich die durchschnittliche Wachstumsrate als gewogenes arithmetisches Mittel der Wachstumsraten!

9. a) $K_0 = 10.000 + \dfrac{10.000}{1{,}08^3} + \dfrac{10.000}{1{,}08^7} = 23.773{,}23 \text{ DM}$

$K_6 = 1{,}08^6 \cdot 23.773{,}23 \text{ DM} = 37.725{,}12 \text{ DM}$

b) $30.000 = 23.773{,}23 \, (1{,}08)^n$

$n = \dfrac{\ln 1{,}2619}{\ln 1{,}08} = 3{,}02 \text{ Jahre}$

10. Industrieland: $K_n^I = K_0^I \, e^{-0,005n}$

Entwicklungsland: $K_n^E = K_0^E \, e^{0,03n}$

In n^* Jahren gilt:

$K_{n^*}^E = 2 \, K_{n^*}^I \quad \text{bzw.} \quad K_0^E \, e^{0,03n^*} = 2 \, K_0^I \, e^{-0,005n^*}$

Da $K_0^I = 2 \, K_0^E$ ist, gilt:

$e^{0,03n^*} = 2 \cdot 2 \cdot e^{-0,005n^*}$

$e^{0,035n^*} = 4$

$n^* = \dfrac{\ln 4}{0{,}035} = 39{,}6 \text{ Jahre}.$

11. Y_n : Bruttosozialprodukt zum Zeitpunkt n

P_n : Bevölkerung zum Zeitpunkt n

$\frac{Y_n}{P_n} = y_n$: Prokopfeinkommen zum Zeitpunkt n

$$A: y_n^A = \frac{Y_0^A e^{0,02n}}{P_0^A} = y_0^A e^{0,02n}$$

$$B: y_n^B = \frac{Y_0^B e^{0,05n}}{P_0^B e^{0,01n}} = y_0^B e^{0,04n}$$

In n^* Jahren gilt:

$$y_{n^*}^B = 2 y_{n^*}^A$$

bzw.

$$y_0^B e^{0,04n^*} = 2 y_0^A e^{0,02n^*}.$$

Da $\frac{y_0^A}{y_0^B} = 3$, gilt

$$e^{0,04n^*} = 6 e^{0,02n^*}$$

bzw.

$$n^* = \frac{\ln 6}{0,02} = 89,6 \text{ Jahre}.$$

12. $$\left(1 + \frac{p}{4 \cdot 100}\right)^4 = 1,0614$$

$$p = \left(\sqrt[4]{1,0614} - 1\right) 4 \cdot 100 = 6$$

13. gemischte Verzinsung:

$$1.000\left(1 + \frac{179}{360} \cdot \frac{3}{100}\right)\left(1 + \frac{3}{100}\right)^8\left(1 + \frac{91}{360} \cdot \frac{3}{100}\right) = 1.295,42 \text{ DM}.$$

14. a) $K_0 = \dfrac{10.000}{\left(1 + \dfrac{3}{100}\right)^{2 \cdot 10}} = 5.536,76 \text{ DM}$

b) $K_0 = \dfrac{10.000}{e^{0,06 \cdot 10}} = 5.488,12 \text{ DM}$

15. 2. Hälfte: $q = 1 + \frac{p}{100}$

1. Hälfte: $q^* = 1 + \frac{1}{2}\frac{p}{100} = \frac{1}{2}(q+1)$

$$2 = q^5 q^{*5} = q^5 \left(\frac{1}{2}(q+1)\right)^5$$

bzw.
$$q^2 + q - 2{,}297 = 0$$
$$\rightarrow q = 1{,}096$$
$$\rightarrow p = 9{,}6$$
$$\rightarrow \frac{p}{2} = 4{,}8$$

16. $$2 = 1{,}04 \cdot 1{,}039 \cdot 1{,}038 \cdot \ldots (1{,}04-(n-1)0{,}001)$$
$$ln\, 2 = ln\, 1{,}04 + ln\, 1{,}039 + ln\, 1{,}038 + \ldots + ln(1{,}04-(n-1)0{,}001)$$
$$ln\, 2 \approx 0{,}04 + 0{,}039 + 0{,}038 + \ldots + (0{,}04-(n-1)0{,}001)$$
$$ln\, 2 \approx \frac{n}{2}\left[0{,}04 + (0{,}04-(n-1)0{,}001)\right] \quad \text{arithmetische Reihe !}$$
$$\rightarrow n^2 - 81n + 1.386{,}29 \rightarrow n_1 = 56{,}435 \quad \text{zu groß}$$
$$\rightarrow n_2 = 24{,}565 \quad \text{(etwa 25 Jahre)}$$
Probe: Nach 25 Jahren hat sich das Kapital um den Faktor 1,99 erhöht !

17. $$\bar{p} = \left(\sqrt[4]{1{,}022 \cdot 0{,}998 \cdot 1{,}002 \cdot 1{,}012} - 1\right) \cdot 100 = 0{,}8457$$

18. $$\bar{p} = \left(\sqrt[15]{1{,}05^{10} \cdot 1{,}04^{5}} - 1\right) \cdot 100 = 4{,}67$$

19. $$K_2 = \frac{1.000}{1{,}07^5} \cdot 1{,}07^2 = 816{,}30 \text{ DM}$$

20. $$K_{12} = 2{,}1 \cdot 1{,}03^{12} \cdot 1{,}04^{12} = 4{,}79 \text{ Billionen DM}$$

21. $$p_{eff} = \left(\sqrt[4]{\frac{350.000}{200.000}} - 1\right) \cdot 100 = 15{,}02$$

22. $$2 = \left(1 + \frac{p}{12 \cdot 100}\right)^{12 \cdot 10}$$
$$p = \left(\sqrt[120]{2} - 1\right) \cdot 1.200 = 6{,}95$$

23. a) $5 = 1{,}06^n \quad \rightarrow n = \dfrac{ln\, 5}{ln\, 1{,}06} = 27{,}62$ Jahre

b) $5 = 1{,}03^{2 \cdot n} \quad \rightarrow n = \dfrac{1}{2} \dfrac{ln\, 5}{ln\, 1{,}03} = 27{,}22$ Jahre

c) $5 = 1{,}005^{12n} \quad \rightarrow n = \dfrac{1}{12} \dfrac{ln\, 5}{ln\, 1{,}005} = 26{,}89$ Jahre

d) $5 = e^{0{,}06n} \quad \rightarrow n = \dfrac{ln\, 5}{0{,}06} = 26{,}82$ Jahre

24.
a) $A: K_n^A = 20\, e^{0,03n}$

$B: K_n^B = 60\, e^{0,01n}$

$20\, e^{0,03n} = 60\, e^{0,01n}$

$3 = e^{0,02n}$

$n = \dfrac{\ln 3}{0,02} = 54,9$ Jahre

b) $20\, e^{\frac{p}{100} \cdot 25} = 60\, e^{0,01 \cdot 25}$

$p = \left(\dfrac{1}{25} \ln 3,852\right) \cdot 100 = 5,39$

25. $x = \dfrac{K_n}{K_0}$

a) $x = \left(1 + \dfrac{p}{m \cdot 100}\right)^{n \cdot m} \rightarrow n = \dfrac{1}{m} \dfrac{\ln x}{\ln\left(1 + \dfrac{p}{m \cdot 100}\right)}$

b) $x = e^{\frac{p}{100} \cdot n} \rightarrow n = \dfrac{\ln x}{p/100}$

26. $p_r = \left(\left(\left(\dfrac{1,08}{1,04}\right)^3 \left(\dfrac{1,08}{1,06}\right)^2\right)^{1/5} - 1\right) \cdot 100 = 3,06$

27.
a) Wert = Preis · Menge

$K_0 = p_0 \cdot x_0 = 1$ Mio.

$K_{10} = p_0 (1,04^2)^{10}\, x_0\, e^{-0,1 \cdot 10}$

$K_{10} = \underbrace{p_0\, x_0}_{1 \text{ Mio.}} 1,04^{20}\, e^{-0,1 \cdot 10} = 806.069$ DM

b) $0,5 = 1\,(1,04)^{2n}\, e^{-0,1n}$

$\ln 0,5 = 2n \ln 1,04 - 0,1n$

$\rightarrow n = \dfrac{\ln 0,5}{2 \ln 1,04 - 0,1} = 32,15$ Jahre

28. $A: q = \sqrt[5]{\dfrac{1.000}{660}} = 1,0867 \rightarrow p = 8,67$

$B: q = \sqrt[4]{\dfrac{2.000}{1.450}} = 1,0837 \rightarrow p = 8,37$

29. $\left\{\left(1 + \dfrac{4}{360} \cdot \dfrac{3}{100}\right)\left(1 + \dfrac{3}{100}\right)^2 \cdot 3.000 + 2.000\left(1 + \dfrac{8}{12} \cdot \dfrac{3}{100}\right)\right\}\left(1 + \dfrac{3}{100}\right) \cdot$

$\cdot \left(1 + \dfrac{347}{360} \cdot \dfrac{3}{100}\right) = (3.183,76 + 2.040) \cdot 1,059784$

$= 5.536,06$ DM

30.　　　　　　　$\dfrac{K_N}{K_0} = 2 = (1{,}07)^n (1 + n^* \cdot 0{,}07)$

Ermittlung der ganzen Jahre:

$$2 = (1{,}07)^n$$

$$\rightarrow n = \dfrac{\ln 2}{\ln 1{,}07} = 10{,}24 \rightarrow 10 \text{ Jahre}$$

Ermittlung der Tage:

$$2 = (1{,}07)^{10} (1 + n^* \cdot 0{,}07)$$

$$n^* = \dfrac{\left(\dfrac{2}{1{,}07^{10}} - 1\right)}{0{,}07} = 0{,}2385512 \text{ Jahre}$$

$$\rightarrow 0{,}2385512 \cdot 360 = 86 \text{ Tage}$$

$\rightarrow$ Laufzeit:　10 Jahre, 2 Monate, 26 Tage

31.　　　　　　　$K_5 = 20.000 \, (1{,}05)^{10} = 32.577{,}89 \text{ DM}$

Rückzahlung:　32.577,89 DM　(Schuld + Zinsen)
　　　　　　　　　500,00 DM　(Verwaltungsgebühr)
　　　　　　　　33.077,89 DM

$$p_{\text{eff}} = \left(\sqrt[5]{\dfrac{33.077{,}89}{20.000 \cdot 0{,}97}} - 1\right) \cdot 100 = 11{,}26$$

32.　　a)　$20.000 \cdot 1{,}06^6 \cdot 1{,}07 \cdot 1{,}08 \cdot 1{,}09 \cdot 1{,}1 = 39.308{,}99 \text{ DM}$

　　　b)　$\overline{p} = \left(\sqrt[10]{\dfrac{39.308{,}99}{20.000}} - 1\right) \cdot 100 = 6{,}99$

33.　　　　　　　$q = \left(1 + \dfrac{p}{100}\right) = 860$

$$p = 85\,900$$

C. Rentenrechnung

1. $$R_{10} = 2.000 \cdot \frac{1{,}04^{10}-1}{0{,}04} = 24.012{,}21 \text{ DM}$$

   $$R_{20} = 2.000 \cdot \frac{1{,}04^{20}-1}{0{,}04} = 59.556{,}16 \text{ DM}$$

2. Barwert der Einzahlungsüberschüsse:

   $$R_{01} = 20.000 \cdot \frac{1}{1{,}1^{10}} \cdot \frac{1{,}1^{10}-1}{0{,}1} = 122.891{,}34 \text{ DM}$$

   Barwert Schrottpreis:

   $$R_{02} = \frac{10.000}{1{,}1^{10}} = 3.855{,}43 \text{ DM}$$

   $R_{01} + R_{02}$ > Investition von 100.000,- DM → lohnt!

3. Ewige Rente

   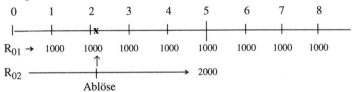

   R_{02} ————————→ 2000

   Ablöse

   Barwert heute: $R_0 = R_{01} + R_{02}$

   $1.000 = R_{01} \cdot \frac{p}{100}$; $2.000 = R_{02} q^5 - R_{02}$

   $R_{01} = \frac{1.000}{0{,}05}$; $R_{02} = \frac{2.000}{1{,}05^5-1}$

   3 Jahre vor Fälligkeit von 2.000 → Abzinsen von $R_{02} q^5$!

   Ablösesumme: $\tilde{R}_0 = R_{01} + \frac{R_{02} \cdot 1{,}05^5}{1{,}05^3}$

   $= 20.000 + 7.980{,}99 = 27.980{,}99 \text{ DM}$

4. a) $R_{15} = \left[100\left(12 + \frac{5}{100} \cdot \frac{11}{2}\right) \cdot \frac{1{,}05^{10}-1}{0{,}05}\right] \cdot 1{,}05^5 = 19.704{,}97 \text{ DM}$

   b) $R_{15} = \left[100\left(12 + \frac{5}{12} \cdot \frac{13}{2}\right) \cdot \frac{1{,}05^{10}-1}{0{,}05}\right] \cdot 1{,}05^5 = 19.785{,}24 \text{ DM}$

5. $100.000 \cdot q^5 = 30.000 \cdot \frac{q^5-1}{q-1} \rightarrow \frac{1}{q^5} \cdot \frac{q^5-1}{q-1} - \frac{10}{3} = F(q) = 0$

   Probieren:

q	1,1	1,2	1,15	1,155	1,1525
F(q)	0,45	-0,34	0,019	-0,020	-9,2·10⁻⁴

   → p ~ 15,25

6. **a)** aa) $\quad 0{,}4 \cdot 50.000 = 20.000 = 3.000 \cdot \dfrac{1{,}03^n-1}{0{,}03}$

$1{,}03^n = 1{,}2 \rightarrow n = \dfrac{lg\, 1{,}2}{lg\, 1{,}03} \approx 6{,}17$ Jahre

ab) $\quad 20.000 = 3.000 \cdot 1{,}03 \cdot \dfrac{1{,}03^n-1}{0{,}03}$

$1{,}03^n = 1{,}194 \rightarrow n = 6{,}00$ Jahre

ac) $\quad 20.000 = 300\left(12 + 0{,}03 \cdot \dfrac{11}{2}\right) \cdot \dfrac{1{,}03^n-1}{0{,}03}$

$1{,}03^n = 1{,}164 \rightarrow n = 5{,}15$ Jahre

b) ba) $\quad 20.000 = r\dfrac{1{,}03^4-1}{0{,}03} \rightarrow r = 4.780{,}54$ DM

bb) $\quad 20.000 = r \cdot 1{,}03\, \dfrac{1{,}03^4-1}{0{,}03} \rightarrow r = 4.641{,}30$ DM

bc) $\quad r_e = 4.780{,}54 = r\left(12 + 0{,}03 \cdot \dfrac{11}{2}\right) \rightarrow r = 392{,}97$ DM

7. **a)** $\quad R_{10} = 500\left(12 + 0{,}045 \cdot \dfrac{13}{2}\right) \cdot \dfrac{1{,}045^{10}-1}{0{,}045} = 75.526{,}41$ DM

b) $\quad R_0 = \dfrac{R_{10}}{1{,}045^{10}} = 48.633{,}54$ DM

8. **a)** $\quad R_0 = 12.000 \cdot \dfrac{1{,}06}{1{,}06^{20}} \cdot \dfrac{1{,}06^{20}-1}{0{,}06} = 145.897{,}40$ DM

b) gleich hoch; Raten: $12.000 \cdot 1{,}06 = r\left(12 + 0{,}06 \cdot \dfrac{13}{2}\right),\quad r = 1.026{,}63$ DM

9.

```
                10.000              10.000
                  ↓                   ↓
        0         5         10        15
        ├┼┼┼┼┼┼┼┼┼┼┼┼┼●┤
        R₀                           R₁₄
```

$R_0 = \dfrac{R_{14}}{1{,}07^{14}} = \dfrac{10.000}{1{,}07^{14}} \cdot \dfrac{1{,}07^{10}-1}{0{,}07} = 53.582{,}59$ DM

a) $\quad 53.582{,}59 \cdot 1{,}07^7 = r\left(12 + 0{,}07 \cdot \dfrac{11}{2}\right) \cdot \dfrac{1{,}07^7-1}{0{,}07}$

$r = 802{,}78$ DM

b) $\quad R_2 = R_0 \cdot 1{,}07^2 = 61.346{,}71$ DM (Barwert der Vierteljahresrente)

$R_2 \cdot 1{,}035^n = 2.000\left(2 + 0{,}035 \cdot \dfrac{3}{2}\right)\dfrac{1{,}035^n-1}{0{,}035}$

$n = \dfrac{lg\, 2{,}0967}{lg\, 1{,}035} = 21{,}52$ Halbjahre

→ etwa 11 Jahre lang !

10.
```
|+++|+++|+++|+++|+++|
0    5    10   15   20
         →R₁₀--------R₁₅
                    | Studium |
```

$$R_{15} = R_{10} \cdot 1{,}05^5 = 1{,}05^5 \cdot \left\{10.000 \, \frac{1{,}05^{10}-1}{0{,}05}\right\}$$

$$= 160.529{,}32 \text{ DM} \quad \text{Barwert für Studium}$$

a) $\quad r = R_{15} \cdot 1{,}05^4 \cdot \dfrac{0{,}05}{1{,}05(1{,}05^4-1)} = 43.115{,}40 \text{ DM}$

b) $\quad R_{15} \cdot 1{,}05^n = 30.000 \cdot 1{,}05 \, \dfrac{1{,}05^n-1}{0{,}05}$

$\quad 1 - \dfrac{1}{1{,}05^n} = 0{,}255 \rightarrow n \cong 6 \text{ Jahre}$

c) $\quad R_{15} \cdot 1{,}05^4 + 1.000\left(4 + 0{,}05 \cdot \dfrac{3}{2}\right)\dfrac{1{,}05^4-1}{0{,}05} = r\left(12 + 0{,}05 \cdot \dfrac{13}{2}\right)\dfrac{1{,}05^4-1}{0{,}05}$

$\quad r = 4.003{,}92 \text{ DM}$

11. a) $\quad 100.000 \cdot 1{,}06^n + 4.000 \, \dfrac{1{,}06^n-1}{0{,}06} = 50.000 \cdot 1{,}06^n + 8.000 \cdot \dfrac{1{,}06^n-1}{0{,}06}$

$\quad 50.000 \cdot 1{,}06^n = 4.000 \, \dfrac{1{,}06^n-1}{0{,}06}$

$\quad n = 23{,}79 \approx 24 \text{ Jahre}$

b) $\quad 50.000 \cdot 1{,}06^{10} = (r_B - 4.000) \, \dfrac{1{,}06^{10}-1}{0{,}06}$

$\quad r_B = 10.793{,}40 \text{ DM}$

12.
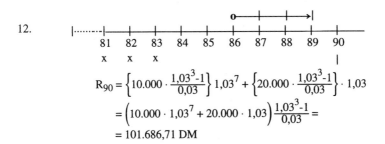

$$R_{90} = \left\{10.000 \cdot \dfrac{1{,}03^3-1}{0{,}03}\right\} 1{,}03^7 + \left\{20.000 \cdot \dfrac{1{,}03^3-1}{0{,}03}\right\} \cdot 1{,}03$$

$$= \left(10.000 \cdot 1{,}03^7 + 20.000 \cdot 1{,}03\right) \dfrac{1{,}03^3-1}{0{,}03} =$$

$$= 101.686{,}71 \text{ DM}$$

13. a) $\quad r = 100.000 \cdot 1{,}05^{12} \, \dfrac{0{,}05}{1{,}05^{12}-1} = 11.282{,}54 \text{ DM}$

b) $\quad r_M = \dfrac{11.282{,}54 \text{ DM}}{12 + 0{,}05 \cdot \frac{11}{2}} = 919{,}15 \text{ DM}$

c) $\quad r = \dfrac{11.282{,}54 \text{ DM}}{1{,}05} = 10.745{,}28 \text{ DM}$

d) $\quad r_M = \dfrac{11.282{,}54 \text{ DM}}{12 + 0{,}05 \cdot \frac{13}{2}} = 915{,}42 \text{ DM}$

14. $$r = \frac{5.000,\text{- DM}}{12 + 0,06 \cdot \frac{11}{2}} = 405,52 \text{ DM}$$

15. $$60.000 \cdot 1,07^{20} + r\left(12 + 0,07 \cdot \frac{11}{2}\right)\frac{1,07^{20}-1}{0,07} =$$
$$= 2 \cdot \left\{100.000 \cdot 1,07^{20} + 300\left(12 + 0,07 \cdot \frac{11}{2}\right)\frac{1,07^{20}-1}{0,07}\right\}$$
$$r = 1.667,02 \text{ DM}$$

16. a) $$R_0 = 8.000 + 2.000 \frac{1,1^4-1}{1,1^4 \cdot 0,1} = 14.339,73 \text{ DM}$$

   b) $$R_0 = 4.000 \frac{1,1^4-1}{1,1^4 \cdot 0,1} = 12.679,46 \text{ DM}$$

   c) $$R_0 = 5.000 + \frac{3.000}{1,1^2} + \frac{3.000}{1,1^3} + \frac{5.000}{1,1^4}$$
   $$= 13.148,35 \text{ DM}$$

   Alternative b) !

17. bezogen auf Zeit in 5 Jahren
$$R = 750.000 - 650.000 \cdot 1,1^5 + 35.000 \frac{1,1^5-1}{0,1}$$
$$- 18.000 \frac{1,1^5-1}{0,1} = -193.044,80 \text{ DM}$$

   lohnt nicht !

   Das Haus ist auf heute bezogen mindestens 119.865,63 DM $= \frac{193.044,80 \text{ DM}}{1,1^5}$

   zu teuer.

18. a) $$20.000 \cdot 1,11^n = 4.600 \cdot \frac{1,11^n-1}{0,11} + 1.000$$
   $$(2.200 - 4.600) \, 1,11^n = -4.600 + 110 = -4.490$$
   $$n = \frac{lg \, 1,870}{lg \, 1,11} = 6 \text{ Jahre}$$

   b) $$20.000 \cdot 1,12^{10} = r \frac{1,12^{10}-1}{0,12} + 1.000$$
   $$r = 3.482,70 \text{ DM}$$

19. a) $\qquad 2.400 \cdot q^{13} = 200 \dfrac{q^{13}-1}{q-1}$

$$F(q) = \dfrac{1}{q^{13}} \dfrac{q^{13}-1}{q-1} - 12 = 0$$

q	1,1	1,05	1,005	1,01	1,015	1,012	1,0116
F(q)	-4,8	-2,6	0,556	0,13	-0,268	-0,023	$2{,}9 \cdot 10^{-3}$

$q \cong 1{,}0116 \rightarrow p = 1{,}16$ Monatszins 1,16%

Jahreszins: $p = 100(1{,}0116^{12}-1) = \underline{14{,}8}$

b) $\qquad 2.400\, q^{13} = 200 \cdot q \dfrac{q^{13}-1}{q-1}$ $\qquad$ analog a)

Monatszins: 1,365%

Jahreszins: 17,6%

20. $\qquad 30.000 \cdot 1{,}015^{40} = r\left(3 + 0{,}015 \cdot \dfrac{2}{2}\right) \dfrac{1{,}015^{40}-1}{0{,}015}$

$\qquad r = 332{,}61$ DM

21.

```
           55                   65                  75  (77)
    |-+-+-+-+-+-+-+-+-+-+-+-+-+-+-+-+-+-+-+-+-+-+-+
    0         5          10          15         20
              •————————————————————————→ R₂₂
    R₀ ←——————————————————————————————————————————|
```

$$R_0 = \dfrac{1}{1{,}06^{22}} \left\{ 500\left(12 + 0{,}06 \cdot \dfrac{13}{2}\right) \cdot \dfrac{1{,}06^{12}-1}{0{,}06} \right\}$$

$\qquad R_0 = 29.001{,}86$ DM

22. $\qquad R_{10} = 1.000\left(2 + 0{,}025 \cdot \dfrac{3}{2}\right) \dfrac{1{,}025^{20}-1}{0{,}025} =$

$\qquad\qquad\, = 52.047{,}24$ DM

$\qquad R_{20} = R_{10} \cdot 1{,}025^{20} = 85.285{,}46$ DM

23. $\qquad 5.000\, q^{47} = 136 \dfrac{q^{47}-1}{q-1}$; $\quad$ monatliche Verzinsung

$$F(q) = \dfrac{1}{q^{47}} \dfrac{q^{47}-1}{q-1} - 36{,}76 = 0$$

q	1,01	1,015	1,011	1,0107	1,01075
F(q)	0,588	-3,21	-0,218	0,021	-0,019

Näherung: $q \approx 1{,}010725$

Jahreszins: $p_{eff} = 100\,(q^{12}-1) = 13{,}65$!

24. $$250.000 \cdot 1{,}03^n = 22.900\left(2 + 0{,}03 \cdot \frac{1}{2}\right)\frac{1{,}03^n-1}{0{,}03}$$

$$n = \frac{lg\, 1{,}194}{lg\, 1{,}03} = 6 \rightarrow 12 \text{ mal ! } 3 \text{ Jahre}$$

25. $$100.000 \cdot 1{,}02^{20} = r\left(3 + 0{,}02 \cdot \frac{2}{2}\right)\frac{1{,}02^{20}-1}{0{,}02}$$

$$r = 2.025{,}06 \text{ DM}$$

26. $$R_n = 100.000 \cdot 1{,}06^n + 10.000 \cdot \frac{1{,}2^n - 1{,}06^n}{1{,}2 - 1{,}06}$$

$$= 1.000.000 \cdot 1{,}06^n - 80.000 \cdot \frac{1{,}06^n - 1}{0{,}06}$$

$$6.000 \cdot 1{,}06^n + 600 \frac{(1{,}2^n - 1{,}06^n)}{0{,}14} =$$

$$= 60.000 \cdot 1{,}06^n - 80.000 \cdot 1{,}06^n + 80.000$$

$$840 \cdot 1{,}06^n + 600 \cdot 1{,}2^n - 600 \cdot 1{,}06^n = 8.400 \cdot 1{,}06^n - 11.200 \cdot 1{,}06^n + 11.200$$

$$3.040 \cdot 1{,}06^n + 600 \cdot 1{,}2^n = 11.200$$

Lösung durch Probieren:

$$F(n) = 600 \cdot 1{,}2^n + 3.040 \cdot 1{,}06^n - 11.200 = 0$$

n	5	10	15	12	11	11,8 !
F(n)	-5.638	-2.040	+5.329	266	-971	4,3

$$n = 11{,}8 \text{ Jahre}$$

27. a) Ewige Rente

$$R_0 = \frac{10^6}{0{,}1} = 10 \text{ Mio. DM}$$

b) ewige, dynamisierte Rente

$$R_0 = \frac{1}{q^n}\left\{r\,\frac{q^n - l^n}{q - l}\right\} = \frac{r}{q-l} \cdot \left(1 - \left(\frac{l}{q}\right)^n\right)$$

$$R_0 = \lim_{n \to \infty} \frac{r}{q-l}\left(1 - \left(\frac{l}{q}\right)^n\right)$$

$$R_0 = \begin{cases} \infty & \text{für } q \leq l \\ \frac{r}{q-l} & \text{für } q > l \end{cases}$$

$$R_0 = \frac{10^6}{0{,}05} = 20 \text{ Mio. DM}$$

28. a)
$$r\frac{1{,}065^2-1}{0{,}065} = \frac{40.000}{0{,}95} \cdot 1{,}065^2$$
$$r = 23.126{,}80 \text{ DM}$$

b)
$$40.000 \cdot q^2 = 23.126{,}80 \frac{q^2-1}{q-1}$$
$$F(q) = \frac{1}{q^2}\frac{q^2-1}{q-1} - 1{,}7296 = 0$$

Lösung durch Probieren:

q	1,1	1,105	1,1025
F(q)	$5{,}94 \cdot 10^{-3}$	$-5{,}6 \cdot 10^{-3}$	$1{,}37 \cdot 10^{-4}$

$q_{eff} \approx 1{,}1025 \approx 10{,}25\%$ Zins

Lösung über quadratische Gleichung:
$$(q^2-1) - 1{,}7296\, q^2(q-1) = 0$$
$$(q+1)(q-1) - 1{,}7296\, q^2(q-1) = 0$$
$$\rightarrow 1{,}7296\, q^2 - q - 1 = 0$$
$$q_1 = 1{,}10256 \rightarrow p = 10{,}256$$
$$q_2 < 0$$

29.
$$R_0 = \frac{1}{1{,}045^{40}} \cdot 1.100\left(12 + 0{,}045 \cdot \frac{11}{2}\right) \cdot \frac{1{,}045^{40} - 1{,}025^{40}}{1{,}045 - 1{,}025}$$
$$R_0 = 362.646{,}34 \text{ DM}$$

30.
$$R_0^{Rente} = \frac{1}{1{,}055^{20}} \cdot 20.000 \frac{1{,}055^{20}-1}{0{,}055} = 239.007{,}65 \text{ DM}$$
$$r = R_0^{Rente} \cdot \frac{0{,}055}{1{,}055^{30}-1} \cdot \frac{1}{\left(12 + 0{,}055 \cdot \frac{13}{2}\right)} = 267{,}01 \text{ DM}$$

31. Ewige Rente
$$R_0 = \frac{1.000}{0{,}06} = 16.666{,}67 \text{ DM}$$

32.
$$500.000 \cdot 1{,}08^n - 50.000 \cdot \frac{1{,}08^n - 1{,}055^n}{1{,}08 - 1{,}055} = 0$$
$$0{,}25 \cdot 1{,}08^n - 1{,}08^n + 1{,}055^n = 0$$
$$0{,}25 - 1 + \left(\frac{1{,}055}{1{,}08}\right)^n = 0$$
$$n = \frac{\lg 0{,}75}{\lg \frac{1{,}055}{1{,}08}} = 12{,}28 \text{ Jahre}$$

33. a)
```
        70      75      80      85      90
        ├┼┼┼┼┼┼┼┼┼┼┼┼┼┼┼┼┼┼┼┼┼─
         5.000
        ─────→   10.000
                ─────→   20.000
                        ─────→            │
```

$$R_{1990} = 5.000 \, \frac{1,07^5-1}{0,07} \cdot 1,07^{15} + 10.000 \, \frac{1,07^5-1}{0,05} \cdot 1,07^{10}$$

$$+ 20.000 \, \frac{1,07^5-1}{0,07} \cdot 1,07^5 =$$

$$= 5.000 \cdot 1,07^5 \cdot \frac{1,07^5-1}{0,07} \left(1,07^{10} + 2 \cdot 1,07^5 + 4\right)$$

$$R_{1990} = 353.772{,}27 \text{ DM}$$

b) $$r = R_{1990} \cdot \frac{0,07}{1,07^{15}-1} \cdot \frac{1}{1,07^5} = 10.037{,}58 \text{ DM}$$

c) $$r = R_{1990} \cdot 1,055^{15} \, \frac{0,055}{1,055^{15}-1} \, \frac{1}{\left(12 + 0,055 \cdot \frac{11}{2}\right)} =$$

$$= 2.864{,}85 \text{ DM}$$

34.
$$100.000 \cdot 1,03^{20} + 10.000 \, \frac{1,03^{20}-1}{0,03} = 449.314{,}87$$

$$= 50.000 \, q^{20} + 10.000 \, \frac{q^{20}-1}{q-1}$$

$$F(q) = 44{,}931 - 5 \, q^{20} - \frac{q^{20}-1}{q-1} = 0$$

q	1,05	1,045	1,0475	1,0477
F(q)	-1,400	1,5	0,07	-0,039

$q \approx 1{,}0476$

→ $p \approx 4{,}76$

35. $$r = 250.000 \cdot 1,01^{80} \, \frac{0,01}{\left(1,01^{80}-1\right)\left(3 + 0,01 \cdot \frac{4}{2}\right)} = 1.508{,}18 \text{ DM}$$

36.
$$R_0 = \frac{10.000}{1,05^5} \cdot \frac{1,05^5-1}{0,05} + \frac{10.000}{1,05^{15}} \cdot \frac{1,05^5-1}{0,05}$$

$$R_0 = \frac{10.000}{1,05^5} \cdot \frac{1,05^5-1}{0,05} \left(1 + \frac{1}{1,05^{10}}\right)$$

$$= 69.874{,}-- \text{ DM}$$

37. $$r = \frac{100.000 \cdot 0,05}{\left(1,05^{10}-1\right)\left(12 + 0,05 \cdot \frac{11}{2}\right)} = 647{,}70 \text{ DM}$$

38.
$$10.000 = 500 \frac{1{,}05^{10} - l^{10}}{1{,}05 - l}$$

$$F(l) = \frac{1{,}05^{10} - l^{10}}{1{,}05 - l} - 20 = 0$$

l	1,06	1,10	1,12	1,11	1,108
$F(l)$	-3,8	-0,70	1,10	0,17	$3{,}8 \cdot 10^{-3}$

$$l \approx 1{,}108 \rightarrow 10{,}8\ \%$$

39.
$$20.000 = 100 \left(6 + 0{,}025 \cdot \frac{7}{2}\right) \frac{1{,}025^n - 1}{0{,}025}$$

$$1{,}025^n = 1{,}821 \rightarrow n = 24{,}28 \text{ Halbjahre} \approx 12 \text{ Jahre}$$

40.
$$10.000 = 500 \frac{1{,}06^n - 1{,}1^n}{1{,}06 - 1{,}1}$$

$$1{,}06^n - 1{,}1^n = -0{,}8$$

$$F(n) = 1{,}1^n - 1{,}06^n - 0{,}8 = 0 \quad \text{Probieren !}$$

n	10
$F(n)$	$2{,}89 \cdot 10^{-3}$

$\rightarrow$ 10 Jahre

41. 2 Wege möglich

a) α) jährl. Raten, die in 2 Jahren 1.000,- DM werden.

$$r = \frac{1.000}{1{,}06^2 - 1} \cdot 0{,}06 = 485{,}44$$

$$R_0 = 485{,}44 \cdot \frac{1}{1{,}06^{20}} \cdot \frac{1{,}06^{20} - 1}{0{,}06} = 5.567{,}96 \text{ DM}$$

β) Abzinsen aller Raten

$$R_0 = \frac{1.000}{q^2} + \frac{1.000}{q^4} + \ldots + \frac{1.000}{q^{20}}$$

$$= \frac{1.000}{q^2}\left(1 + \left(\frac{1}{q^2}\right)^1 + \left(\frac{1}{q^2}\right)^2 + \ldots \left(\frac{1}{q^2}\right)^9\right)$$

$$= \frac{1.000}{q^2} \cdot \frac{(1/q^2)^{10} - 1}{1/q^2 - 1} = 1.000 \cdot \frac{1 - q^{20}/q^{20}}{1 - q^2}$$

$$= \frac{1.000}{q^{20}} \cdot \frac{q^{20} - 1}{q^2 - 1} = 5.567{,}96 \text{ DM}$$

b)
$$R_0 = \frac{1.000}{q^{20}} \cdot \frac{q^{20} - 1}{q^5 - 1} = 2.034{,}72 \text{ DM}$$

42. a) $58\,666 = r \cdot \dfrac{1{,}08^5-1}{0{,}08} \to r = 10\,000$

b) $58\,666 \cdot 1{,}05^5 = 74\,874 = 10\,000 \cdot \dfrac{1{,}08^5 \cdot l^5}{1{,}08 \cdot l}$

$\to l = 1{,}132$ bzw. $s = 13{,}2$ (durch Probieren)

43.
$$R_0 = 89{,}4 = \dfrac{100}{q^7} + \dfrac{5{,}5}{q^7}\dfrac{q^7-1}{q-1}$$

$$F(q) = \dfrac{q^7-1}{q^7(q-1)} + \dfrac{18{,}181}{q^7} - 16{,}254 = 0$$

q	1,05	1,1	1,07	1,075
F(q)	2,45	-2,06	0,45	$1{,}29 \cdot 10^{-3}$

Rendite 7,5%

44.
$$100 = \dfrac{100}{q^4} + \dfrac{8}{q^4}\dfrac{q^4-1}{q-1}$$

$$100\,q^4 - 100 = 8\dfrac{(q^4-1)}{q-1} = 100(q^4-1)$$

$$q-1 = \dfrac{8}{100} = 0{,}08 \to 8\,\%$$

45. $R_1 = K_0\, e^{0{,}03} - A$; $\begin{array}{l} A = 5.000 \\ K_0 = 200.000 \end{array}$

$R_2 = \left(K_0\, e^{0{,}03} - A\right) e^{0{,}03} - A$
$\quad = K_0\, e^{2 \cdot 0{,}03} - A\left(1 + e^{0{,}03}\right)$

$R_3 = K_0\, e^{3 \cdot 0{,}03} - A\left(1 + e^{0{,}03} + e^{2 \cdot 0{,}03}\right)$

$\vdots$

$R_{20} = K_0\, e^{20 \cdot 0{,}03} - A\underbrace{\left(1 + e^{0{,}03} + e^{0{,}03 \cdot 2} + \ldots + e^{0{,}03 \cdot 19}\right)}$

geom. Reihe: $\dfrac{e^{0{,}03 \cdot 20}-1}{e^{0{,}03}-1}$

$R_{20} = 229.448{,}98\ m^3$

46.
$$R_n = \dfrac{1.000\left(12 + 0{,}05 \cdot \tfrac{11}{2}\right)}{0{,}05} = 245.500$$

$$= r\left(12 + 0{,}05 \cdot \tfrac{13}{2}\right)\dfrac{1{,}05^{10}-1}{0{,}05}$$

$r = 1.583{,}64$ DM

Anhang B: Lösungshinweise C.   175

47. a)   72 Monate → 6 Jahre

$$15.000 = 282{,}05 \left(12 + \frac{p}{100} \cdot \frac{11}{2}\right) \frac{1}{q^6} \frac{q^6-1}{q-1}$$

→ $p_{eff} = 11{,}11$ (durch Probieren)

b) $15.000 = 282{,}05 \cdot \frac{1}{q^{72}} \frac{q^{72}-1}{q-1}$

→ $p_{eff} = 100(1{,}008787^{12}-1) = 11{,}07$ (durch Probieren)

48. $1.300 - 250 = 1.050 = 190 \dfrac{\frac{6}{12}\left(12 + \frac{p}{100} \cdot \frac{6-1}{2}\right)}{\left(1 + \frac{6}{12} \cdot \frac{p}{100}\right)}$

→ $p_{eff} = 100 \cdot \dfrac{6 \cdot 190 - 1.050}{\frac{6}{12}\left(1.050 - 190 \frac{5}{2}\right)} = 31{,}3$

49. $n_1 = 2$

$n_2 = 0$ (da Festschreibungszeit)

$m = 4$

$R_0 = 7.840$

$R_2 = 1.729{,}19$

$r = 890{,}61$

$F(q) = \dfrac{1}{q^2}\left(m + \dfrac{p}{100} \cdot \dfrac{m-1}{2}\right)\dfrac{q^2-1}{q-1} - \left(\dfrac{R_0 - R_2/q^2}{r}\right) = 0$

$= \dfrac{1}{q^2}\left(4 + \dfrac{p}{100} \cdot \dfrac{3}{2}\right)\dfrac{q^2-1}{q-1} - \left(\dfrac{7.840 - 1.729{,}19/q^2}{890{,}61}\right) = 0$

→ $p_{eff} = 10{,}04$ (durch Probieren)

50. aa) $K_{10} = 1.000 \cdot 1{,}01^{4 \cdot 10} = 1.488{,}86$ DM

ab) $K_1 = 1.000 \cdot 1{,}01^4 \cdot 0{,}95$

$K_2 = K_1 \cdot 1{,}01^4 \cdot 0{,}95 = 1.000 \cdot 1{,}01^{4 \cdot 2} \cdot 0{,}95^2$

$K_3 = K_2 \cdot 1{,}01^4 \cdot 0{,}95 = 1.000 \cdot 1{,}01^{4 \cdot 3} \cdot 0{,}95^3$

$\vdots$

$K_{10} = K_9 \cdot 1{,}01^4 \cdot 0{,}95 = 1.000 \cdot 1{,}01^{4 \cdot 10} \cdot 0{,}95^{10} = 891{,}44$ DM

b) $500 = 1.000 \cdot 1{,}01^{4 \cdot n} \cdot 0{,}95^n = 1\,000 \cdot \left(1{,}01^4 \cdot 0{,}95\right)^n$

→ $n = \left(-\dfrac{\ln 2}{4 \ln 1{,}01 + \ln 0{,}95}\right) = 60{,}316$

→ 61 Jahre

51. $$p = \frac{12r \cdot R_0}{R_0 - 5{,}5r}$$

52. $$\frac{20}{100} = \frac{12r - 1.000}{1.000 - 5{,}5r}$$

$$\to r = \frac{1.200}{12 + \frac{20}{100} \cdot \frac{11}{2}} = 91{,}60 \text{ DM} \qquad \text{(vgl. 51.)}$$

53. Zweijahresrate wird in eine Einjahresrate umgerechnet:

$$2.000 = r \frac{1{,}03^2 - 1}{0{,}03}$$

$$\text{bzw.} \quad r = \frac{2.000 \cdot 0{,}03}{1{,}03^{-2} - 1}$$

$$R_{10} = 2.000 \frac{0{,}03}{1{,}03^2 - 1} \cdot \frac{1{,}03^{10} - 1}{0{,}03} = 2.000 \frac{1{,}03^{10} - 1}{1{,}03^2 - 1} = 11\ 294{,}46 \text{ DM}$$

54. a) $P_1 = q P_0 + r$

$P_2 = q P_1 + r = P_2 = q^2 P_0 + qr + r$

$\vdots$

$P_n = q^n P_0 + q^{n-1} r + \ldots + qr + r$

$P_n = q^n P_0 + r \frac{1 - q^n}{1 - q}$

$\to P_{50} = 0{,}99^{50} \cdot 80 + 0{,}3 \frac{1 - 0{,}99^{50}}{1 - 0{,}99} = 60{,}25$ (Millionen)

b) $40 = 0{,}99^n \cdot 80 + 0{,}3 \frac{1 - 0{,}99^n}{1 - 0{,}99} \to n = \frac{\ln 0{,}2}{\ln 0{,}99} = 160{,}14$ (Jahre)

c) $\lim\limits_{n \to \infty} P_n = r \frac{1}{1-q} = 0{,}3 \frac{1}{1 - 0{,}99} = 30$ (Millionen)

d) $P_1 = 0{,}99 P_0 + r$

$80 = 0{,}99 \cdot 80 + r$

$\to r = 0{,}8$ (Millionen)

e) $70 = 0{,}99^{50} \cdot 80 + r \frac{1 - 0{,}99^{50}}{1 - 0{,}99}$

$\to r = 0{,}547$ (Millionen)

55. a) $F(p) = \dfrac{\frac{1}{12}\left(12 + \frac{p}{100} \cdot 0\right)}{1 + \frac{1}{12} \cdot \frac{p}{100}} - \dfrac{100}{101} = 0$

→ $p = p_{eff} = \dfrac{100 \cdot Z_n}{n \, K_0} = \dfrac{100 \cdot 1}{\frac{1}{12} \cdot 100} = 12$

b) $-100 + \dfrac{101}{q^*} = 0$

→ $q^* = 1{,}01$ → $p_{eff} = (1{,}01^{12} - 1)100 = 12{,}68$

bzw.

$-100 + \dfrac{101}{q^{1/12}} = 0$

→ $q = 1{,}1268$ bzw. $p_{eff} = 12{,}68$

56. $1000 q \dfrac{q^{10}-1}{q-1} = \dfrac{1000}{q-1}$

→ $q = 1{,}0683$ bzw. $p = 6{,}83$

57. $(R_0 - 10.000)\, 1{,}06^2 - (R_0 - 10.000) = 10.000$

→ $R_0 = 90\,906{,}15$ DM

58.

```
           20.000          20.000          20.000
             |               |               |
  +--+--+--+--+--+--+--+--+--+--+--+--+--+--+-- ...
  0  1  2  3  4  5  6  7  8  9 10 11 12 13 14
```

a) $R_0 = \dfrac{20.000}{1{,}05^3} + \dfrac{20.000}{1{,}05^8} + \ldots + \dfrac{20.000}{1{,}05^{48}}$

$= 20.000 \dfrac{1}{1{,}05^3}\left(1 + \dfrac{1}{1{,}05^{1{,}5}} + \dfrac{1}{1{,}05^{2{,}5}} + \ldots + \dfrac{1}{1{,}05^{9{,}5}}\right)$

Nebenrechnung:

$1 + \dfrac{1}{q^5} + \dfrac{1}{q^{2 \cdot 5}} + \dfrac{1}{q^{3 \cdot 5}} + \ldots + \dfrac{1}{q^{(n-1) \cdot 5}} = 1 + \vartheta + \vartheta^2 + \ldots + \vartheta^{n-1}$

$= \dfrac{\vartheta^n - 1}{\vartheta - 1} = \dfrac{\left(\frac{1}{q^5}\right)^n - 1}{\frac{1}{q^5} - 1} = \dfrac{\frac{1-q^{5n}}{q^{5n}}}{\frac{1-q^5}{q^5}} = \dfrac{q^5}{q^{5n}} \dfrac{q^{5n}-1}{q^5-1} = \dfrac{1}{q^{5n-5}} \dfrac{q^{5n}-1}{q^5-1}$

→ $R_0 = 20.000 \dfrac{1}{1{,}05^3}\left(\dfrac{1}{1{,}05^{45}} \dfrac{1{,}05^{50}-1}{1{,}05^5-1}\right) = 72\,850{,}17$ DM

b) Nebenrechnung:

$\lim_{n \to \infty}\left(\dfrac{1}{q^{5n-5}} \dfrac{q^{5n}-1}{q^5-1}\right) = \lim_{n \to \infty}\left\{\dfrac{1}{q^5-1}\left(\dfrac{q^{5n}}{q^{5n-5}} - \dfrac{1}{q^{5n-5}}\right)\right\} = \dfrac{q^5}{q^5-1}$

→ $R_0 = 20.000 \dfrac{1}{1{,}05^3} \dfrac{1{,}05^5}{1{,}05^5-1} = 79\,809{,}89$ DM   (vgl. auch Lösung C.3)

D. Tilgungsrechnung

1.

Jahr	Restschuld DM	Zinsen DM	Tilgung DM	Aufwendung DM
1	500.000	35.000	100.000	135.000
2	400.000	28.000	100.000	128.000
3	300.000	21.000	100.000	121.000
4	200.000	14.000	100.000	114.000
5	100.000	7.000	100.000	107.000
Insgesamt		105.000	500.000	605.000

2.

a) $R_9 = 100.000(20-10+1) = 1.100.000$ DM

b) $R_{15} = 100.000(20-16+1) = 500.000$ DM

c) $Z_{12} = 100.000(20-12+1) \cdot 0,1 = 90.000$ DM

d) $A_{18} = T + Z_{18} = 100.000 + 100.000(20-18+1) \cdot 0,1$
$= 130.000$ DM

e) $Z_{ges} = A_{ges} - S = S \cdot \frac{p}{100} \cdot \frac{(n+1)}{2} =$
$2.000.000 \cdot 0,1 \cdot \frac{21}{2} = 2.100.000$ DM

3.

a) $1,02^4 = 1,0824 \rightarrow p_{eff} = 8,24$

b) ba) $T = \frac{10.000.000}{40} = 250.000$
$R_{5,3} = 250.000(4 \cdot (10-6+1) - 3) = 4.250.000$ DM

bb) $R_{8,0} = 250.000(4 \cdot (10-9+1) - 0) = 2.000.000$ DM

bc) $Z_{5,3} + Z_{5,4} = 250.000(4(10-5+1)-3+1) \cdot \frac{8}{4 \cdot 100}$
$+ 250.000(4(10-5+1)-4+1) \cdot \frac{8}{4 \cdot 100}$
$= 110.000 + 105.000 = 215.000$ DM

bd) $A_{7,3} = 250.000\{1 + (4(10-7+1)-3+1) \cdot \frac{8}{4 \cdot 100}\}$
$= 250.000 \cdot 1,28 = 320.000$ DM

be) $Z_{ges} = A_{ges} - S = 10.000.000 \cdot \frac{8}{100} \left(\frac{11}{2} - \frac{3}{8}\right) = 4.100.000$ DM

4.

$R_8 = \frac{S}{10}(10-9+1) = 200.000$
$\rightarrow S = 1.000.000$

$A_5 = T_5 + Z_5 = 100.000 + 100.000(10-5+1) \cdot \frac{p}{100} = 166.000$
$\rightarrow p = 11$

5. $$Z_8 = \frac{500.000}{n}(n-8+1) \cdot \frac{12}{100} = 25.000 \text{ DM}$$
    $$\rightarrow n = 12 \text{ Jahre}$$

6. $$p_{eff} = 12,55 \rightarrow p^* = \left(\sqrt[4]{1,1255} - 1\right) \cdot 100 = 3$$
    $$T = \frac{800.000}{32} = 25.000$$
    Restschuld zu Beginn des 3. Jahres:
    $$R_{2,0} = 25.000 \ (4(8-3+1)-0) = 600.000 \text{ DM}$$

Quartal	Restschuld DM	Zinsen DM	Tilgung DM	Aufwendung DM
1	600.000	18.000	25.000	43.000
2	575.000	17.250	25.000	42.250
3	550.000	16.500	25.000	41.500
4	525.000	15.750	25.000	40.750

7.

Jahr	Restschuld DM	Zinsen DM	Tilgung DM	Annuität DM
1	1.000.000,00	100.000,00	129.607,38	229.607,38
2	870.392,62	87.039,26	142.568,12	229.607,38
3	727.824,50	72.782,45	156.824,93	229.607,38
4	570.999,57	57.099,96	172.507,42	229.607,38
5	398.492,15	39.849,22	189.758,17	229.607,38
6	208.734,98	20.873,40	208.733,98	229.607,38
Insgesamt		377.644,28	1.000.000	1.377.644,28

8. $$A = 200.000 \cdot 0,09 = 18.000$$
    $$Z_1 = 200.000 \cdot 0,08 = 16.000 \rightarrow T_1 = 2.000$$

a) $$n = \frac{\ln 18.000 - \ln 2.000}{\ln 1,08} = 28,55 \text{ Jahre}$$

b) Restschuld zu Beginn des 27. Jahres:
    $$R_{26} = 200.000 \ \frac{1,08^{28,55} - 1,08^{26}}{1,08^{28,55} - 1} = 40.093,53 \text{ DM}$$

Jahr	Restschuld DM	Zinsen DM	Tilgung DM	Annuität DM
27	40.093,53	3.207,48	14.792,52	18.000,00
28	25.301,01	2.024,08	15.975,92	18.000,00
29	9.325,09	746,01*	9.325,09	10.071,10*

*Restschuld wird am Ende des 29. Jahres zurückbezahlt; wird sie nach Ablauf von 0,55 Jahren des 29. Jahres zurückbezahlt, dann betragen die Zinsen nur 410,30 DM; die Annuität ist entsprechend geringer.

c)   Restschuld nach 10 Jahren:

$$R_{10} = 200.000 \; \frac{1,08^{28,55}-1,08^{10}}{1,08^{28,55}-1} = 171.027,30$$

Ansparung $0,4 \cdot 171.027,30 = 68.410,92$

$$R_{10} = 68.410,92 = r\left(12 + \frac{3}{100} \cdot \frac{11}{2}\right) \cdot \frac{1,03^{10}-1}{0,03}$$

$$\rightarrow r = 490,55 \text{ DM}$$

9.   a) $A = 50.000 \cdot 1,1^{30} \; \dfrac{0,1}{1,1^{30}-1} = 5.303,96 \text{ DM}$

     b) $R_{24} = 50.000 \; \dfrac{1,1^{30}-1,1^{24}}{1,1^{30}-1} = 23.100,14 \text{ DM}$

     c) $T_1 = 5.303,96 - 5.000 = 303,96$

            $T_{18} = 303,96 \cdot 1,1^{17} = 1.536,36 \text{ DM}$

     d) $Z_{14} = 5.303,96 - 303,96 \cdot 1,1^{13} = 4.254,61 \text{ DM}$

     e) $A_{ges} = 30 \cdot 5.303,96 = 159.118,80 \text{ DM}$

     f) $Z_{ges} = 159.118,80 - 50.000 = 109.118,80 \text{ DM}$

     g) $R_{10} = 50.000 \cdot \dfrac{1,1^{30}-1,1^{10}}{1,1^{30}-1} = 45.155,62 \text{ DM}$

10. $R_{20} = 37.403,27 = S \cdot \dfrac{1,08^{25}-1,08^{20}}{1,08^{25}-1}$

             $\rightarrow S = 100.000$

             $\rightarrow A = 9.367,88$

Jahr	Restschuld DM	Zinsen DM	Tilgung DM	Annuität DM
21	37.403,27	2.992,26	6.375,61	9.367,88
22	31.027,66	2.482,21	6.885,66	9.367,88
23	24.142,00	1.931,36	7.436,52	9.367,88
24	16.705,48	1.336,44	8.031,44	9.367,88
25	8.674,04	693,92	8.673,95	9.367,88
Insgesamt		134.197,00	100.000,00	234.197,00

11. $$T_4 = 2.444{,}52 = \frac{A}{1{,}05^{11}} \cdot 1{,}05^3$$

→ $A = 3.611{,}67$

$Z_4 = 3.611{,}67 - 2.444{,}52 = 1.167{,}15$ DM

12. a) $a = 100.000 \cdot 1{,}02^{20} \cdot \dfrac{0{,}02}{1{,}02^{20}-1} = 6.115{,}67$ DM

b) $R_7 = 100.000 \cdot \dfrac{1{,}02^{20}-1{,}02^7}{1{,}02^{20}-1} = 69.402{,}93$ DM

c) $T_{15} = \dfrac{6.115{,}67}{1{,}02^{20}} \cdot 1{,}02^{14} = 5.430{,}54$ DM

d) $Z_{20} = 6.115{,}67 - \dfrac{6.115{,}67}{1{,}02^{20}} \cdot 1{,}02^{19} = 119{,}92$ DM

e) $Z_{ges} = 20 \cdot 6.115{,}67 - 100.000 = 22.313{,}40$ DM

13. a) $A = 500.000 \cdot 1{,}01^{120} \dfrac{0{,}01}{1{,}01^{120}-1} = 7.173{,}55$ DM

b) $7.173{,}55 \dfrac{1{,}01^3-1}{0{,}01} = 21.736{,}57$ DM

14. a) $n = 25 \cdot 4 = 100$ Quartale

   $m = 3$

   $p = 2$

$$a = \frac{200.000 \cdot 1{,}02^{100} \dfrac{0{,}02}{1{,}02^{100}-1}}{\left(3 + \dfrac{2}{100} \cdot \dfrac{2}{2}\right)} = 1.536{,}61 \text{ DM}$$

b) $Z_{ges} = 25 \cdot 12 \cdot 1.536{,}61 - 200.000 = 260.983$ DM

15. $$1.198 = \frac{100.000 \cdot 1{,}08^n \dfrac{0{,}08}{1{,}08^n-1}}{\left(12 + \dfrac{8}{100} \cdot \dfrac{11}{2}\right)}$$

$14.903{,}12 \, (1{,}08^n - 1) = 8.000 \cdot 1{,}08^n$

$6.903{,}12 \cdot 1{,}08^n = 14.903{,}12$

$1{,}08^n = 2{,}159$

$n = \dfrac{\ln 2{,}159}{\ln 1{,}08} = 10$ Jahre

16.
$$a = 15.877{,}60 = \frac{200.000 \cdot q^{10} \cdot \frac{q-1}{q^{10}-1}}{\left(2 + \frac{p}{100} \cdot \frac{1}{2}\right)}$$

Lösung durch Probieren:

q	p	a	
1,08	8	14.610,73	zu klein
1,12	12	17.182,93	zu groß
1,10	10	15.877,60	Lösung

→ p = 10

17.
$$a = 1.939{,}47 = \frac{100.000 \cdot q^{12} \frac{q-1}{q^{12}-1}}{\left(6 + \frac{p}{100} \cdot \frac{5}{2}\right)}$$

Lösung durch Probieren: (vgl. 16) → p = 6

18.
$$14.000 = \frac{200.000 \cdot 1{,}07^n \frac{0{,}07}{1{,}07^n-1}}{\left(2 + \frac{7}{100} \cdot \frac{1}{2}\right)}$$

$28.490 \,(1{,}07^n-1) = 14.000 \cdot 1{,}07^n$

$$n = \frac{\ln 1{,}966}{\ln 1{,}07} = 10$$

$A_{ges} = 14.000 \cdot 2 \cdot 10 = 280.000 \text{ DM}$

$Z_{ges} = 280.000 - 200.000 = 80.000 \text{ DM}$

19.
$$300 = 9.200 \cdot q^{38} \frac{q-1}{q^{38}-1}$$

Lösung durch Probieren: (vgl. 16)

$q = 1{,}0115 \to p_{eff} = 100\left(1{,}0115^{12}-1\right) = 14{,}71$

20. a)
$$A = \frac{100.000}{0{,}915} \cdot 1{,}061^{10} \frac{0{,}061}{1{,}061^{10}-1} = 14.919{,}39 \text{ DM}$$

b) $14.919{,}39 = 100.000 \, q^{10} \frac{q-1}{q^{10}-1}$ → p = 8,0 (Probieren)

c) 149.193,90 DM

21.
$$A = \left(12 + \frac{5}{100} \cdot \frac{11}{2}\right) \cdot 490{,}38 = 6.019{,}41$$

a) $T_1 = 6.019{,}41 - 50.000 \cdot 0{,}05 = 3.519{,}41$

$$n = \frac{\ln 6.019{,}41 - \ln 3.519{,}41}{\ln 1{,}05} = 11 \text{ Jahre}$$

b) $$R_{5,3} = 50.000 \cdot 1{,}05^5 \left(1 + \frac{3}{12} \cdot \frac{5}{100}\right) - 490{,}38 \left\{ \left(12 + \frac{5}{100} \cdot \frac{11}{2}\right) \right.$$
$$\left. \cdot \frac{1{,}05^5 - 1}{0{,}05}\left(1 + \frac{3}{12} \cdot \frac{5}{100}\right) + \frac{3}{12}\left(12 + \frac{5}{100} \cdot \frac{2}{2}\right) \right\}$$
$$= 64.611{,}75 - 35.154{,}10 = 29.457{,}65 \text{ DM}$$

22. $$20.000 \cdot 0{,}97 = \frac{100}{q} + \frac{100}{q^2} + \frac{100}{q^3} + \frac{100}{q^4} + \frac{100}{q^5} + \frac{32577{,}89}{q^5}$$
$$\rightarrow q = 1{,}1135 \qquad \text{bzw.} \qquad p_{eff} = 11{,}35$$

vgl. auch Aufg. 31 in Abschnitt B.

23. a)

Jahr	Restschuld	Zinsen	Tilgung	Annuität
9	2657,60	212,61	1277,69	1490,29
10	1379,91	110,39	1379,90	1490,29

b) 4902,90 DM .

E. Kursrechnung

1. a) $$C = 100\% \cdot \frac{1}{1{,}06^5}\left\{1 + 0{,}07\,\frac{1{,}06^5-1}{0{,}06}\right\} = 104{,}21\%$$

   $\rightarrow K'_0 = 104{,}21$ DM

   b) $$K'_0 + P'_0 = \frac{100}{1{,}06^5}\left\{1 + 0{,}07\,\frac{1{,}06^5-1}{0{,}06}\right\} + \frac{3}{1{,}06^5} = 106{,}45 \text{ DM}$$

2. $$C = 100\% \cdot \frac{1}{q'^4}\left\{1 + (q-1)\,\frac{q'^4-1}{q'-1}\right\} = 100\%, \quad \text{da } q' = q.$$

3. $$1.000.000 = K'_0 + P'_0 = \frac{1.000.000}{1{,}06^5}\left\{1 + 0{,}05\,\frac{1{,}06^5-1}{0{,}06}\right\} + \frac{P}{1{,}06^5}$$

   $\rightarrow 1.000.000 - 957.876{,}36 = \dfrac{P}{1{,}06^5}$

   $\rightarrow P = 56.370{,}93$ DM

4. $$C_0 = 100\% \cdot \frac{1}{1{,}07^{11}}\left\{1 + 0{,}07\,\frac{1{,}07^{11}-1}{0{,}07}\right\} = 100\%$$

   $$C_1 = 100\% \cdot \frac{1}{1{,}08^{10}}\left\{1 + 0{,}07\,\frac{1{,}08^{10}-1}{0{,}08}\right\} = 93{,}29\%$$

   $\rightarrow 6{,}71\%$ niedriger

5. Zinsniveau 7% :

   5%-Anleihe: $C = 100\%\dfrac{1}{1{,}07^{20}}\left\{1 + 0{,}05\,\dfrac{1{,}07^{20}-1}{0{,}07}\right\} = 78{,}81\%$

   8%-Anleihe: $C = 100\%\dfrac{1}{1{,}07^{4}}\left\{1 + 0{,}08\cdot\dfrac{1{,}07^{4}-1}{0{,}07}\right\} = 103{,}39\%$

   Zinsniveau 6% :

   5%-Anleihe: $C = 100\%\dfrac{1}{1{,}06^{20}}\left\{1 + 0{,}05\,\dfrac{1{,}06^{20}-1}{0{,}06}\right\} = 88{,}53\%$

   8%-Anleihe: $C = 100\%\dfrac{1}{1{,}06^{4}}\left\{1 + 0{,}08\cdot\dfrac{1{,}06^{4}-1}{0{,}06}\right\} = 106{,}93\%$

   $\rightarrow$ Kursanstieg: 5%-Anleihe: 12,33%

                   8%-Anleihe: 3,42%

6. $$13{,}13\% = \frac{100}{q^{30}}\%$$
$$\rightarrow q = 1{,}07$$
$$C = \frac{100}{1{,}09^{28}}\% = 8{,}95\%$$

7. $$C = 100\% \cdot \frac{8}{6} = 133{,}33\%$$

8. a) $$\frac{8}{95} \cdot 100\% = 8{,}42\%$$
   b) Näherungsformel:
   $$p' = 8{,}42\% + \frac{100\%-95\%}{5} = 9{,}42\%$$
   Lösung durch Probieren:
   $$95\% = 100\% \underbrace{\frac{1}{q^5}\left(1 + 0{,}08\,\frac{q^5-1}{q-1}\right)}_{F(q)}$$

q	F(q)
1,0942	94,54%
1,093	94,98%
1,0929	95,02%

   $\rightarrow p = 9{,}295$

9. $$C = 100\%\,\frac{1{,}06^8 \cdot 0{,}06(1{,}07^8-1)}{1{,}07^8 \cdot (0{,}07(1{,}06^8-1))} = 96{,}16\%$$

10. aa) $$C = 100\%\,\frac{1{,}06^7 \cdot 0{,}06(1{,}07^7-1)}{1{,}07^7 \cdot 0{,}07(1{,}06^7-1)} = 96{,}54\%$$

    → Auszahlungsbetrag: 193.080,- DM

    ab) $$\tilde{C} = \frac{4 + \frac{7}{100} \cdot \frac{3}{2}}{4 + \frac{6}{100} \cdot \frac{3}{2}} \cdot 96{,}54\% = 96{,}89\%$$

    → Auszahlungsbetrag: 193.780,- DM

    ac) $$\tilde{C} = \frac{12 + \frac{7}{100} \cdot \frac{11}{2}}{12 + \frac{6}{100} \cdot \frac{11}{2}} \cdot 96{,}54\% = 96{,}97\%$$

    → Auszahlungsbetrag: 193.940,- DM

b) $$A = 200.000 \cdot 1{,}06^7 \frac{0{,}06}{1{,}06^7-1} = 35.827{,}-\text{ DM}$$

$$a = \frac{35.827}{12 + \frac{6}{100} \cdot \frac{11}{2}} = 2.905{,}68 \text{ DM}$$

c) 7% (Marktzins)

11. a) $$90\% = 100\% \frac{1{,}06^6 \cdot 0{,}06(q'^6-1)}{q'^6(q'-1)(1{,}06^6-1)}$$

→ q' = 1,0946 bzw. p' = 9,46 (durch Probieren)

b) $$90\% = \frac{12 + \frac{p'}{100} \cdot \frac{11}{2}}{\left(12 + \frac{6}{100} \cdot \frac{11}{2}\right)} 100\% \frac{1{,}06^6 \cdot 0{,}06(q'^6-1)}{q'^6(q'-1)(1{,}06^6-1)}$$

Effektivverzinsung muß etwas höher als bei a liegen!

q'	C̃
1,095	91,29
1,1	90,15
1,101	89,93

→ p' ≈ 10,1

12. $$C = \frac{100\%}{5 \cdot 1{,}08^5}\left[\frac{1{,}08^5-1}{0{,}08}\left(1 - \frac{6}{8}\right) + 5 \cdot 1{,}08^5 \cdot \frac{6}{8}\right]$$

= 94,96%

→ $\frac{100.000}{0{,}9496} = 105.307{,}50$ DM

13. a) $$C = \frac{100\%}{5 \cdot 1{,}08^5}\left[\frac{1{,}08^5-1}{0{,}08}\left(1 - \frac{7}{8}\right) + 5 \cdot 1{,}08^5 \cdot \frac{7}{8}\right]$$

= 97,48%

Disagio: (1 - 0,9748) · 50.000 = 1.260 DM

b) $$C = 100\% \frac{1{,}07^5 \cdot 0{,}07(1{,}08^5-1)}{1{,}08^5 \cdot 0{,}08(1{,}07^5-1)} = 97{,}38\%$$

Disagio: (1 - 0,9738) · 50.000 = 1.310 DM

14. $$90\% = \frac{100\%}{5 \cdot q'^5}\left[\frac{q'^5-1}{q'-1}\left(1-\frac{5}{p'}\right) + 5 \cdot q'^5 \cdot \frac{5}{p'}\right]$$

→ q' = 1,0906 bzw. p' = 9,06 (durch Probieren)

15. $$40\% = \frac{100\%}{1,08^n}$$

$$1,08^n = \frac{10}{4} \rightarrow n = \frac{\ln 2,5}{\ln 1,08} = 11,9 \text{ Jahre}$$

16. laufende Rendite: $6,25 = 100\% \frac{5}{C}$

→ C = 80%

$$80\% = 100\% \frac{1}{1,08^n}\left\{1 + 0,05 \frac{1,08^n-1}{0,08}\right\}$$

$$\rightarrow n = \frac{\ln 0,03 - \ln 0,014}{\ln 1,08} = 9,9 \text{ Jahre}$$

17. $p'_k = 100(\sqrt{1,1} - 1) = 4,881$

$$C = 100\% \frac{1}{1,04881^{14}}\left\{1 + 0,03 \frac{1,04881^{14}-1}{0,04881}\right\}$$

$$= 81,24\%$$

18. $$93\% = 100\% \frac{1}{q'^{10}}\left\{1 + 0,03 \frac{q'^{10}-1}{q'-1}\right\}$$

q' = 1,0386 (durch Probieren)

→ $p_{eff} = 100 \cdot (1,0386^2 - 1) = 7,87$

19. $$D = \frac{1}{q-1} = \frac{1}{0,05} = 20 \text{ (Jahre)}$$

20. $$0,064 = -\frac{1}{100+p'} \cdot \frac{0,08\left(q' \frac{q'^{10}-1}{(q'^{10}-1)^2} - \frac{10}{q'-1}\right) + 10}{1 + 0,08 \frac{q'^{10}-1}{q'-1}}$$

→ q' ≈ 1,1

→ D ≈ 7 (Jahre)   (durch Probieren)

F. Abschreibung

1.
  lineare Abschreibungsbetrag: $\dfrac{300.000-150.000}{10} = 15.000$

  a)
  $$p = \left(1 - \sqrt[10]{\dfrac{150.000}{300.000}}\right) \cdot 100 = 6,7$$

  $$A_k = B_{k-1} \cdot \dfrac{p}{100} = B_0\left(1 - \dfrac{p}{100}\right)^{k-1} \cdot \dfrac{p}{100} = 15.000$$

  $$= 300.000 \cdot 0,933^{k-1} \cdot 0,067 = 15.000$$

  $$\rightarrow 0,933^{k-1} = \dfrac{15.000}{20.100}$$

  $$k = \dfrac{\ln 15.000 - \ln 20.100}{\ln 0,933} + 1$$

  $$= 5.22$$

  $\rightarrow$ im 6. Jahr

  b)
  $$A_k = \dfrac{2(B_0-B_n)}{n(n+1)}(n-k+1) = 15.000$$

  $$= \dfrac{2 \cdot 150.000}{10 \cdot 11}(10-k+1)$$

  $$k = \dfrac{15.000}{2727,27} = 5,5$$

  $\rightarrow$ im 6. Jahr

  Abschreibungsbeträge im 6. Jahr:

  15.000,00 DM   (linear)

  14.210,33 DM   (geometrisch)

  13.636,36 DM   (digital)

2.
$$A_6 = B_5 \cdot \dfrac{30}{100} = B_0\left(1 - \dfrac{30}{100}\right)^5 \cdot \dfrac{30}{100} = 1.000$$

$$A_{11} = B_{10} \cdot \dfrac{30}{100} = 19.833,01 \cdot 0,7^{10} \cdot \dfrac{30}{100} = 168,07 \text{ DM}$$

3.
$$A_5 = 2 A_{10}$$

$$B_4 \cdot \dfrac{p}{100} = 2 B_9 \cdot \dfrac{p}{100}$$

$$B_4 \cdot \dfrac{p}{100} = 2 B_4\left(1 - \dfrac{p}{100}\right)^5 \cdot \dfrac{p}{100}$$

$$\rightarrow p = 100\left(1 - \sqrt[5]{\dfrac{1}{2}}\right) = 12,94$$

4.

	geometrische Abschreibung DM	lineare Abschreibung vom Restwert DM	Restbuchwert zu Beginn DM
1. Jahr	9.000	6.000	30.000
2. Jahr	6.300	5.250	21.000
→ 3. Jahr	4.410	4.900	14.700
4. Jahr		4.900	9.800
5. Jahr		4.900	4.900
6. Jahr			0

$$m \geq 5 + 1 - \frac{100}{30} = 2{,}67$$

→ Übergang im 3. Jahr !

LITERATURHINWEISE

H. ALT: *Finanzmathematik*. Braunschweig, 1986.

F. AYRES: *Finanzmathematik*. Düsseldorf, 1979.

K. BOSCH: *Finanzmathematik*. München-Wien, 1987.

N. BÜHLMANN und B. BERLINER: *Einführung in die Finanzmathematik*, Band 1. Bern, 1992.

K.F. BUSSMANN: *Kaufmännisches Rechnen und Finanzmathematik*. 4. Aufl. Stuttgart, 1980.

E. CAPRANO und A. GIERL: *Finanzmathematik*. 5. Aufl. München, 1992.

K.-D. DÄUMLER: *Finanzmathematisches Tabellenwerk*. 3. Aufl. Herne-Berlin, 1989.

F.J. FAY: *Finanzmathematik*. 3. Aufl. Baden-Baden, 1974.

W. GIMBEL und R. BOEST: *Die neue Preisangabenverordnung*. Beck'sche Gesetzestexte mit Erläuterungen, München, 1985.

H.L. GROB und D. EVERDING: *Finanzmathematik mit dem PC*. Wiesbaden, 1992.

O. HASS: *Finanzmathematik*. 3. Aufl. München-Wien, 1990.

D. HEMMERLING und H.G. KRIEG: *Ausgewählte Finanzberechnungen auf dem Microcomputer*. Gensingen, 1985.

E. KAHLE und D. LOHSE: *Grundkurs Finanzmathematik*, 2. Auflage. München-Wien, 1989.

W. KEMPFLE: *Duration*. Wiesbaden, 1990.

H. KOBELT und P. SCHULTE: *Finanzmathematik*, 5. Auflage. Herne-Berlin, 1991.

J. KOBER, H.-D. KNÖLL und U. ROMETSCH: *Finanzmathematische Effektivzins-Berechnungsmethoden*. Mannheim, 1992.

H.KÖHLER: *Finanzmathematik*. 3. Aufl. München-Wien, 1992.

W. KONRADT und W. HAAS: *Finanz- und Wirtschaftsmathematik*. Darmstadt, 1972.

E. KOSIOL: *Finanzmathematik*, 10. Auflage. Wiesbaden, 1966.

L. KRUSCHWITZ. *Finanzmathematik*. München, 1989.

H. LOCAREK: *Finanzmathematik*. München-Wien, 1991.

K. LOHMANN: *Finanzmathematische Wertpapieranalyse*. 2. Aufl. Göttingen, 1989.

M. NICOLAS: *Finanzmathematik*. Berlin, 1967.

P. PFLAUMER: *Investitionsrechnung*. München-Wien, 1992.

J. RAHMANN: *Praktikum der Finanzmathematik*. 5. Aufl. Wiesbaden, 1976.

H. RINNE: *Tabellen zur Finanzmathematik*. Meisenheim a. Glan, 1973.

J. TIETZE: *Übungen zur Finanzmathematik*. 5. Aufl. Aachen, 1992.

R.E. ZIETHEN: *Finanzmathematik*. 2. Aufl. München-Wien, 1992.

SACHVERZEICHNIS

Abschreibung
   degressive - 138 ff.
   degressive - mit Abschwächung 140 f.
   degressive - mit Übergang zur linearen - 141 f.
   digitale - 142
   lineare - 138
Abschreibungsplan 141, 143
Abzinsen 7
Abzinsungsfaktor 12
AIBD 68
Agio 115
Annuität 86, 95
Annuitätenschuld 124 ff., 131
Annuitätentilgung
   jährliche - 94 ff.
   unterjährliche - 98 ff.
Aufgeld 115
Aufzinsungsfaktor 12

Barwert
   einfache Verzinsung 6 f.
   ewige Rente 58 f.
   ewige dynamische Rente 61
   kaufmännische Diskontierung 8
   Kursrechnung 113 ff.
   Rentenrechnung 38, 43 f., 54
   stetige Verzinsung 21
   Zinseszinsrechnung 19 ff.
Begebungskurs 113
Buchwert 137
Bundesschatzbrief 27

Damnum 17, 125
Disagio 115
Diskont 6 f.
Diskontierung
   bürgerliche - 7 f.
   kaufmännische - 7 f.
Diskontsatz 7
360-Tage-Methode 65
Duration 69 ff., 120 ff.
Dynamisierungsrate 60, 62

Effektivzins 6, 16 f., 19, 64 ff., 90, 112, 128 ff.
   anfänglicher - 65
Ersatzrentenrate 49, 51 f., 99
Eulersche Zahl 15
Ewige Anleihe 123 f., 128
Ewige Rente 57 ff.

Faustformel
   Effektivzinsfuß eines Darlehens 131
   Effektivzinsfuß eines Teilzahlungskredits 67
   Realzinsfuß 26
   Rendite einer Anleihe 130
   Verdopplungszeit 25

Gesamtaufwendungen
   Annuitätentilgung 96, 101, 103 ff.
   Ratentilgung 92

Habenzins 1
Halbierungszeit 24 f.
Hypothekendarlehen 103 ff.

Inflationsrate 26, 59 f., 62

Kredit
   variabler - 65
Kurs 111 ff.
   Annuitätenschuld 124 ff.
   ewige Anleihe 123 f.
   Ratenschuld 126 ff.
   Zinsschuld 113 ff.
Kurssensitivität 120
Kurswert 116

Laufzeit
   bei einfacher Verzinsung 5
   bei der Rentenrechnung 39 f., 45, 48, 55, 57
   bei der Tilgungsrechung 96 f.
   bei der Zinseszinsrechnung 13
Leasing 54, 56

Marktzins 111 ff.
   Einfluß des - auf den Kurs 119 f.
Mittel
   arithmetisches - 67, 160
   geometrisches - 22
Mittlerer Zahlungstermin 69 f.

Näherungsformel zur Berechnung
   der Effektivverzinsung 67
   der realen Verzinsung 26
   der Rendite einer Zinsschuld 130
   der Verdopplungszeit 25

Nennwert 111 f.
Nominalwert 112
Nominalzins 26, 111 ff.
Nullkupon-Anleihe 20, 118, 129

pari 111
pränumerando-Rente 36
Preisangabenverordnung
    (PAngV 1985) 64 f.
postnumerando-Rente 36
Prozentannuität 104

Rate 35 ff.
Ratenschuld 126 ff., 131
Ratentilgung
    jährliche - 87 ff.
    unterjährliche - 90 ff.
Realzins 26, 112
Reihe
    arithmetische - 150
    arithmetisch-geometrische - 151 f.
    geometrische - 150 f.
    stationäre - 151
Rendite 128 ff.
    laufende - 128
Rentabilität 128 ff.
Rente 35 ff.
    abgebrochene - 47 f.
    aufgeschobene - 47 f.
    bei gemischter Verzinsung 63 ff.
    dynamische - 59 f.
    ewige - 57 f.
    nachschüssige - 37 ff.
    unterbrochene - 47 f.
    unterjährliche - 49 ff., 54 ff.
    vorschüssige - 42 ff.
Rentenbarwert 36, 38, 43 f., 54
Rentenendwert 36, 38, 43 f., 48 f., 52 f., 55
Rentenrate
    Berechnung der - 39, 45, 55
Restschuld 88 ff.

Schatzanweisung 118
Schuldverschreibung 112
Skonto 6
Sollzins 1

Tageszinsen 5
Tilgung 86
    Annuitätentilgung 87, 94 ff.
    Ratentilgung 86, 87 ff.
Tilgungsdauer 96 f.
Tilgungsfuß 104
Tilgungsplan 88, 89 f., 93, 97

Uniformmethode 67
Unternehmenswert 59

Verdopplungszeit 24 f.
Verdreifachungszeit 24 f.
Verrentung 38 f., 44, 56 f.
Verzinsung
    gemischte - 28, 63 f., 101
    reale - 26
    stetige - 15, 21
    unterjährliche - 3, 14 f., 52 ff., 101 ff., 117 f., 126

Wachstumsfaktor 21 ff.
Wachstumsrate 21 ff.
    durchschnittliche - 21 f., 24
    stetige - 23 f.
Wechsel 7
Wechseldiskont 8

Zerobond 20, 118, 129
Zins 1 f.
Zinsdivisor 5
Zinsfaktor 11
Zinsfuß
    anfänglich effektiver - 65
    Berechnung des - 5, 13, 27, 40 f., 46, 56, 64 ff., 90, 98, 128 ff.
    effektiver - 6, 16 ff., 64 ff., 98, 128 ff.
    konformer - 18, 117 f.
    pro Zinsperiode 2, 19
    realer - 26
    unterschiedlicher - pro Periode 27
Zinsperiode 2
Zinsschuld 113 ff., 129 f.
Zinstage
    Berechnung der - 5 f.
Zinszahl 5
Zinszeitraum 2